服装经典设计

作品赏析

刘若琳 —— 编著

化学工业出版社

·北京·

内 容 提 要

本书将服装设计的各要素分解成具体的设计语汇，贯穿于服装经典设计作品中进行深入分析。通过对服装形式美法则的解读，对服装结构的处理方式、服装设计细节的处理方式、服装设计材料的处理方式、服装设计色彩的处理方式及服装设计大师作品的赏析，将经典服装设计作品中的时代精神与艺术机能进行剖析与阐述，指出服装经典设计作品暗藏的精妙之处。

本书适合准备从事与服装设计相关工作的读者学习，也可供服装设计行业从业人员参考，还可以作为高校服装专业的教材。

图书在版编目（CIP）数据

服装经典设计作品赏析 / 刘若琳编著. —北京：化学工业出版社，2020.10

ISBN 978-7-122-37369-4

Ⅰ. ①服… Ⅱ. ①刘… Ⅲ. ①服装设计－鉴赏－世界 Ⅳ. ①TS941.2

中国版本图书馆 CIP 数据核字（2020）第 123907 号

责任编辑：贾　娜　　美术编辑：王晓宇
责任校对：王佳伟　　装帧设计：水长流文化

出版发行：化学工业出版社（北京市东城区青年湖南街 13 号　邮政编码 100011）
印　　装：北京缤索印刷有限公司
787mm×1092mm　1/16　印张 12½　字数 214 千字　2020 年 11 月北京第 1 版第 1 次印刷

购书咨询：010-64518888　　售后服务：010-64518899
网　　址：http://www.cip.com.cn
凡购买本书，如有缺损质量问题，本社销售中心负责调换。

定　　价：69.00 元

前言

服装自问世以来，受时代审美与社会变迁的影响，一直处于变化之中，经典服装设计作品是见证时代变迁、具有服装设计里程碑意义的作品。纵观服装发展历程，经典服装设计作品虽呈现出千姿百态的外观特征，但从服装设计本身而言，它们却具有某些审美和判断的共性，这些共性就是经典的衡量标准。只有了解这些标准，才能架构起设计师与服装的对话平台，所以我们要先对服装设计作品进行深入解读，鉴赏出经典服装设计作品的精妙之处。

本书在知识体系的搭建上，将服装设计的各要素分解成具体的设计语汇，贯穿于服装经典设计作品中进行深入分析，将服装历史、服装技术与服装审美相融合。第1章先对经典服装设计作品美的法则进行展开讲解，通过回顾美的流变、探析造型要素和展开分析形式美法则，使读者清晰地建立经典作品的概念。第2～5章以经典服装设计作品为例，对服装结构、服装设计细节、服装设计材料、服装设计色彩等服装设计重要语汇进行鉴赏、分析，将生涩的理论融汇于生动的服装设计作品中。第6章对服装设计大师的作品进行综合鉴赏，既重温了前五章的知识要点，又综合展现了各具特点的服装设计大师们不同形式的服装风格，可帮助读者拓展服装设计的思路。

在服装鉴赏中，同一件服装设计作品，由于欣赏者的不同，审美结论有可能大相径庭。本书旨在将服装审美鉴赏活动中的无意识，通过具体的形式美原理搭建统一的认知基础平台，将经典服装设计作品中的时代精神与艺术机能进行剖析与阐述，指出经典服装设计作品暗藏的精妙之处，引发欣赏者的共鸣，启发创作者的灵感。

本书由刘若琳编著。在本书编写过程中，得到了上海工程技术大学纺织服装学院领导和同事的大力支持与帮助，在此表示衷心的感谢！

由于笔者水平所限，书中疏漏和欠妥之处在所难免，敬请服装界专家、院校师生和广大读者予以批评指正。

编著者

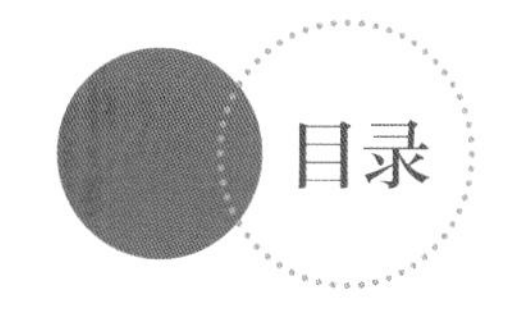

目录

第3章 • • •

经典服装设计要素

——服装设计细节的处理方式赏析

第4章 • • •

经典服装设计要素

——服装设计材料的处理方式赏析

第5章 • • •

经典服装设计要素
——服装设计色彩的处理方式赏析

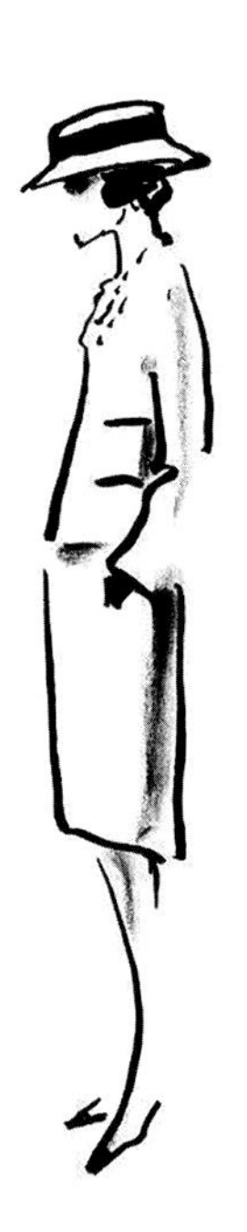

第6章 • • •

服装设计大师作品综合赏析

如何解读经典

何为经典服装设计作品？所谓经典，是指传统而具有权威性的设计作品。服装自问世以来，受到时代审美与社会变迁的影响，一直处于变化之中，而经典服装设计作品就是随着时间的流逝，具有服装设计里程碑意义的作品。纵观服装发展历程，经典服装设计作品虽呈现出千姿百态的外观特征，但从服装设计本身而言，它们却具有某些审美和判断的共性，这类共性就是经典的衡量标准要素，只有了解这些要素才能架构起与设计师的对话平台，才能对服装设计作品进行深入解读，鉴赏出经典服装设计作品的精妙之处。图0-1为Dior、Chanel、Ysl、Pierre Cardin设计大师的作品。

经典服装设计要素——以人为本（环境、人体、功效、人文）

回顾服装发展历程，服装设计作品一直在寻求人体、功能与美的和谐，所谓经典，是追求综合效果的权衡之作。作为服装的服务主体—人体，既是服装设计的先行条件，也是制约因素，如何更好地服务于人体是服装形式产生的重要依托。然而，古今中外不同地域、不同民族，由于历史、种族、文化、宗教等存在着巨大的差异，人体的自然形态和审美构建起不同的衡量标准，这就使得服装对人体形体侧重表现不同，同时形成了各地区的服装特色。传统的服装样式派生出服装的基础格局，同时作为服装文化基因，影响后世服装发展的风格，它是经典服装发展的基因所在。

同时，以人的主观意识引导的人文思潮常常成为经典服装设计作品的主题。由于设计是人类特有的行为，所以人文常常与设计文化相关联，以研究设计的物化成

▲图0-1　Dior、Chanel、Ysl、Pierre Cardin设计大师作品

果所具有的文化意义为主要任务，服装作为镌刻历史的风向标无言地向世人传递着时代思潮的变迁。随着社会经济的发展、生活质量的提高和人类文明的进步，人们对服装的要求越来越高，对服装的审美和需求也在发生着瞬息的变化。人们对服装的需求从生理的取暖避暑发展到内心的展现，服装成为时代思潮的风向标，甚至具有一定的超前性。人们思变求新的本性，为服装设计提供了无限的创造空间，它是经典服装设计作品的内在核心。

经典服装设计要素 —— 技术语言（结构、细节、材料、色彩）

服装作为一门应用学科，它的发展与技术的革新密不可分，从某种程度上看，服装的出现促进了历史发展的进程，但它同时受制于时代生产力的发展，因而服装具有鲜明的时代特征。服装设计是美学和工艺学的结晶。服装不仅是人们生活的必需品，也是一种艺术品。

所谓服装的艺术性是指设计精巧、美观、适用，体现艺术性和适用性的完美结合，能最大限度地满足人们追求美、享受美的需求。服装美学遵循艺术设计的一般规律，它包含、凝练人们在社会生活中审美规律和创造构成的综合性、特定性和情感性，是较为外化的一种创作形式，既符合服装美学规律的应用，又可以产生视觉的愉悦感。从某种程度上说，经典服装设计作品依照艺术设计形式美的规律来构建服装款式设计，各类服装通过结构、款式、色彩、面料等多方面的结合体现出具体的设计主题，在限定的具体条件和环境进行与之相适应的服装美学创作活动。

经典服装设计作品常常具有鲜明的技术特点，其服装构成要素的结构、色彩、面料、工艺、装饰是体现其风格的重要表现形式，是品鉴服装作品的重要方面。

经典服装设计要素 —— 名师服装设计作品综合赏析

服装审美随着时代的变迁会有所差异，它在带来流行时尚的同时也在岁月中留存经典。经典服装设计作品具有艺术审美的特质，去伪存真感受经典服装设计作品，是对艺术形式美的认定与回顾。名师服装设计作品，通常是以人体与功能的和谐为服装造型主题设计的重要命题，而在形式表现上，均带有鲜明的个人化风格。不同设计师，由于不同的文化背景与艺术理念，常常在设计作品中呈现出风格迥异的表现方式与视觉呈现。因而对名师设计作品的深度赏析，可以梳理服装设计语汇与形式美原理。

伴随着服装工业技术的日益成熟，服装发展变化迅速，作为标榜以适应人体体型的近代服装一统格局，被新型艺术流派波及的服装设计领域所取代。服装的构成部位以多样的形式进行分组、重建，再以不同的方式拼

凑，变化与实验成为当代服装发展的主流。服装设计的主题通常是有意识地挑选某一因素加以发挥，作为其设计创作的主导原则，借助当代新锐设计师多样性设计作品赏析推动对人体空间呈现的多样性的感知，深入解析经典的内涵所在。

本书将以经典服装设计要素的构成为切入点，对经典服装设计作品从基础形态、技术语言到整体综合运用进行分析解读，引申出服装形式美与造型要素的规律所在，借此洞察服装设计美学的普遍规律。同时，借助经典服装设计作品赏析，提高读者对服装设计作品的综合品鉴能力。

第1章

经典服装设计要素——美的法则

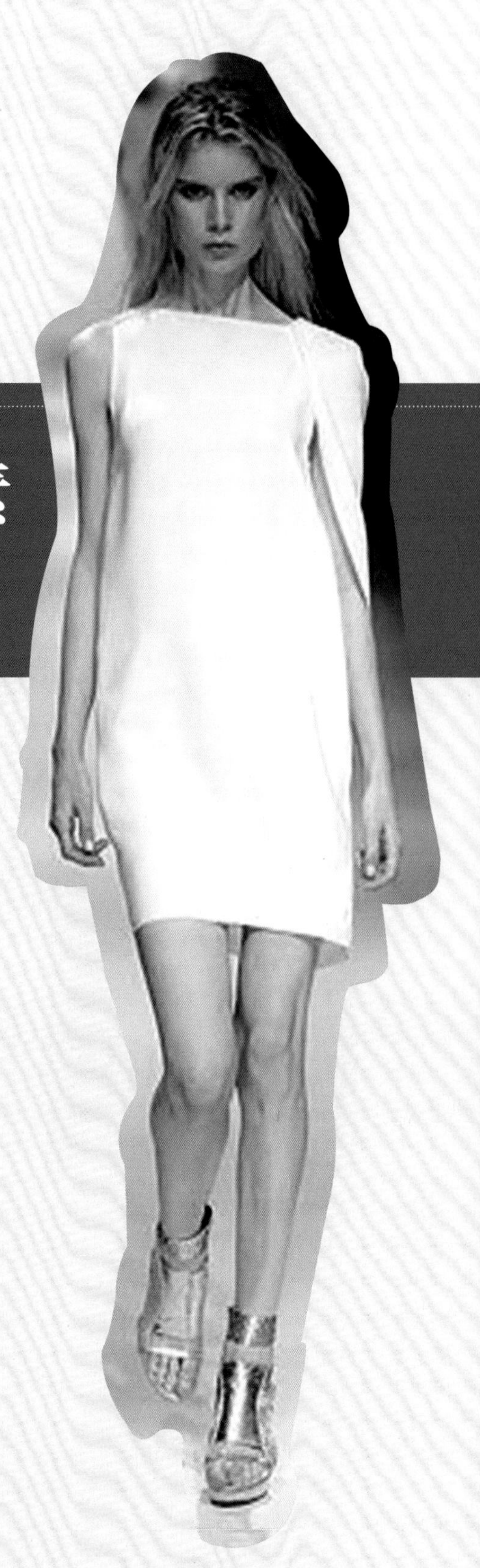

服装美是服装设计的先行条件，也是制约因素，如何使服装更好地服务于人体活动是服装形式产生的重要依托。服装美需要以物化的方式来实现。服装意象的载体是感性形式，它是基于视觉的直观存在，线条、色彩、廓型、款式、质地、空间、面积等构成因素，是服装形式界定的衡量标准与尺度。从本质上来讲，服装艺术表象是一种功能造型，而不是自由造型。服装造型并不单由设计者来决定，而是多种因素的综合结果。无论以何种形式呈现审美的流变，服装创作仍然大量集中在对形式美的把握之中，它是服装对人体体型诠释审美的决定要素。

▲图1-1　贯头式服装设计作品
（Elsa Schiaparelli）

通过在袖下缝合，留出袖口，钻头的开口有的是两块布缝合时留出来的。因其结构简单，整幅布料被完整地保存下来，其面料的肌理表达与图案装饰也成为这类服装重点的设计体现

▲图1-2　披挂式服装设计作品
（Madeleine Vionne）

以肩部作为人体支点用布片或衣片披挂在身上，再把多余部分挂在臂上的着装形式，其特点是在行走时可产生出动感之美，常用于当代服装的礼服设计。衣身主体采用合体设计，披挂作为装饰，形成视觉上松与紧的对比

1.1 服装美的流变

回顾经典服装的发展历程，服装设计一直在寻求人体、功能与美的和谐，它追求的是理想化的平衡，最终的美不仅在服装，也不仅在人体，而是置身于独特环境中人体与服装关系的协调。服装的发展历经了宽松式、塑型式、廓型式和多样式四种形式。

1.1.1 宽松式

宽松式是人体与环境的调试阶段。它以简单的裁剪方式，如包裹、缠绕、披覆等手法塑造服装与人体的安全活动空间。宽松式服装又可细分为贯头式、披挂式和前开式三种服装构成方式。

（1）贯头式（图1-1）

贯头式又称为套头式。这种类型的服装是在长方形或椭圆形的布中央挖个洞，作为领圈。它是服装最原始的形式之一，因其结构简单，制作方便，且不影响人们的劳作，故被许多设计师采纳。贯头式是服装结构最经典的形式之一。

（2）披挂式（图1-2）

披挂式是用布片或衣片缠裹在身上，再把多余部分挂在肩或臂上的着装形式，这种着装形式最早起源于热带、亚热带和温带地区。其特点是几乎不用裁剪和缝制，只用长方形或半圆形的布在身上缠裹和披挂即可。用布在身上缠绕时，可以忽略体型，根据自己的喜好来决定放松量。

（3）前开式（图1-3）

前开式指的是服装的闭合系统在前中的服装形式，通常以直线裁剪为主。以门幅的宽窄为依托作连肩袖设计，如果门幅过窄，通常以接袖的形式塑造长袖的效果；前门襟以斜襟或对襟的形式为主，由系结或绳带的形式固定服装造型。蒙古、中国、朝鲜等东方国家的服饰，大多属于此类型。

1.1.2 塑型式

塑型式是以人体体型为依托，进行理想体型塑造的一种形式。夸大人体性别差异的部位，通过外在的创造、设计，塑造理想形体。塑型式服装最早源于13世纪末，考古学者在格陵兰发现了“格陵兰长衣”，衣片在前后及两侧收省，使上身的褶皱基本消除，同时为了加大下摆而进行了分片裁剪，出现了前所未有的侧身衣片，从而彻底脱离了平面结构，展现了近代的三维立体结构形式，这为服装三维立体廓型的塑造奠定了重要的基础。

人们逐渐开始探寻在结构上将人体简化为可展曲面的平面结构类型，在具体构成手法上，开始形成简单的粗线条的平面构成和将服装材料覆合在人体上进行剪切的立体构成。设计师借助服装辅料完成对理想体型的塑造，紧身胸衣、巴斯尔裙撑都是塑型式服装的代表。

（1）紧身胸衣（图1-4）

紧身胸衣是文艺复兴之后到20世纪中叶流行于欧洲的一种服装。女装的形式美发展到登峰造极的程度。为了博取男性的欢心和青睐，女性以拥有纤弱动人的腰肢为美，她们从身体柔软、未成熟的少女时代开始，就用紧身胸衣束腰。盛装时，更是用小一号的胸衣拼命往身上勒，致使胸腹血液流动受阻，坦露的胸口可以看见青色的血管，这也成为当时极具性感和诱惑力的重要美点之一。

（2）巴斯尔裙撑（图1-5）

巴斯尔裙撑是为了让臀部隆起而使用的臀垫，是身体后臀及以下部分的非强制性的衬裙式

▲图1-3　前开式服装设计作品（Issey Miyake）

三宅一生（Issey Miyake）这件作品采用了东方式的前开式结构，依托面料幅宽进行裁剪，采用了接袖，门襟设计采用敞开式，露出内里连衣裙，同色系的配色突出其设计的一致性

▲图1-4　紧身胸衣服装设计作品（Jean-Paul Gaultier）

作品通过公主线分割塑造合身的紧体效果，胸部结构通过螺旋状的面料叠加形成夸张的圆锥造型，强化了女性的胸部特征。这件作品致敬紧身胸衣的同时融入了当代服装结构，成为了Jean-Paul Gaultier表现女性之美的代表作之一

裙撑。巴斯尔裙撑是以撑起女子的后臀而改变女子形态的一种服装表现手法。在结构上，采用马尾衬料等制成有弹性的叠层或利用松紧带连接细铁丝制成弹簧状，直接用细铁丝编成有弹性又有柔韧性的网状裙撑，使裙撑的设计有很强的科学性。巴斯尔还带有夸张的拖裾，拖裾在巴斯尔式样上十分普遍，它从裙摆上伸展出来，长的可达2米左右。

▶ 图1-5　巴斯尔裙撑服装设计作品（Rei Kawakubo）

引用了巴斯尔裙撑的基础骨架，叠加了外层棉作为填充，塑造了下身庞大的外部廓型，与上身形成鲜明的对比，同时镂空的上装与裙撑架在结构上相互呼应

1.1.3 廓型式

廓型式是以人体体型为依托，对体型的不足之处，通过色彩、面料、结构工艺三位一体的服装设计方式进行理想体型塑造的一种形式。20世纪是西方高级时装的繁盛时期，新的面料、裁剪以及工艺技术，使服装行业呈现繁荣之景。一大批才华横溢的设计师在此时受到追捧，其设计风格多强调服装的结构与轮廓。在不断更新的服装样式中，优化人体的廓型成为服装变化的核心。

（1）加布里埃·香奈儿（Gabrielle Bonheur Chanel）H廓型（图1-6）

香奈尔把传统女装设计以男性的眼光为中心的设计立场改变为以女性自己舒适和美观为中心的立场，使时装设计能更好地为使用者服务。香奈尔样式的服装通常为无领对襟外套、及膝裙和内衫组成的三件套组合样式H型套装，不再强调胸部和臀部的曲线。

▶ 图1-6　加布里埃·香奈儿（Gabrielle Bonheur Chanel）H廓型服装

香奈尔造型强调简洁、朴实、舒适自如，色彩单纯、素雅。香奈尔喜欢使用中性色，配合大量的人造珍珠项链、钟形帽、朝气的短发，极佳地诠释了减法设计的高雅内涵，为女性塑造出一种年轻不受拘束的独立形象。香奈尔样式改变了女装的概念，为20世纪20年代的女装带来一阵清新之风

（2）克里斯丁·迪奥（Christian Dior）新样式（New Look）的花冠廓型（图1-7）

1947年2月12日，法国服装设计师迪奥（Dior）发布了第一个时装系列，时尚杂志*Harpers Bazaar*的总编辑卡梅尔·史诺（Carmel Snow）看后忍不住发出了："这是个新样式！"的赞叹。此次服装设计作品有着柔和的肩线，纤瘦的袖型，以束腰构架出的细腰强调出胸部曲线的对比，长及小腿的宽阔裙摆，使用了大量的布料来塑造圆润的流畅线条，并且以圆形帽子、长手套、肤色丝袜与细高跟鞋等饰品衬托整体气氛，与"花冠"造型极为相似，由此迪奥的花冠型女装与New Look画上了等号。

▲图1-7 克里斯丁·迪奥（Christian Dior）新样式（New Look）花冠廓型

迪奥的新样式New Look以花冠型的极富女性感的服装造型著称，常采用有一定厚度和挺度的面料以达到塑型的目的。服装造型强调胸部，细小的腰部的外套配以张开的大裙摆或百褶裙长度在膝围线上下，配以细高跟鞋、挑眉红唇妆容，波浪齐肩卷发，这些要素共同组成新样式所具有的时髦的女性化形象

（3）玛丽·匡特（Mary Quant）的迷你裙（Mini Shirt）A廓型（图1-8）

1957年首次推出。Mary Quant的创举是把裙下摆提高到膝盖上四英寸（1英寸=0.0254米）。迷你样式将女性裙装的尺度再次提升，塑造了女性追求"年轻、活泼、朝气"的形象，以A廓型、H廓型为主。同时A廓型也成为20世纪60年代太空造型Space Look的基本元素。

◀图1-8 玛丽·匡特（Mary Quant）的迷你裙（Mini Shirt）A廓型

玛丽·匡特掀起的A廓型迷你裙热潮风靡全球，款式为下摆提高到膝盖以上的连衣裙或简洁上衣配以膝上单裙，常用具有一定挺度的面料以达到塑形效果，极具摩登和年轻化特点

（4）乔治·阿玛尼（Giorgio Armani）女士T廓型套装（图1-9）

受女权运动影响，女装风格改变了以往上小下大的造型，女装流行宽垫肩式的T字廓型，宽肩样式使女性具有男性化倾向，同时显示权威、力量和严肃感。款式多为剪裁精致的宽肩外套，配以短而紧身的裙子和讲究的衬衣。常用精纺毛制面料以体现较为硬朗的造型感，裙装或裤装呈紧紧的铅笔状态。硬朗的造型特征体现出20世纪80年代的女性强者的服装形象。

▲ 图1-9　20世纪80年代T廓型套装

该风格突出了女装的职业化。20世纪80年代是职业女性不断涌现的年代，女装呈现出向男性化靠拢的迹象，在服装结构、造型和细节上的表现尤其强烈。三件套套装（上衣、裤子或裙子、衬衫）是20世纪80年代的产物，这种源自男装的着装形式体现出浓浓的女装男性化倾向

1.1.4 多样式

多样式是指对服装空间的全新塑造。它通过扭转、穿插、叠加等多样的立体造型手段完成人体与服装构成方式的契合，创造全新的服装人体空间。现代服装是服装美全面发展的盛行时期。现代服装在审美上历经了翻天覆地的变化，社会生产和生活方式改变了人们既有服装审美的定势，不再拘泥于人体的自然形态，而通过结合人体的支点尝试将多种三维空间的形态应用于服装是人体第二空间的塑造中，诸如对于实体空间、虚拟空间、闭合空间等的探索，如图1-10～图1-13所示。

◀图1-10 川久保玲（Rei Kawakubo）作品

放眼20世纪90年代，几乎所有的设计师都开始用女人身体的性感来做文章。而川久保玲（Rei Kawakubo）将服装主题定为“隆与肿”，模特身体上出现了各种部位奇特的臃肿。她认为这是消除人体和衣服间的刻板成见、将“人体”和时装的剪裁分割开来的尝试

◀图1-11 亚历山大·麦昆（Alexander McQueen）作品

麦昆（McQueen）模拟动物造型的设计，羽毛柔顺的质地，分子排列般完美的秩序，跟具有张力的结构和廓型形成强烈对比，带来一种矛盾并且迷人的视觉，人体与动物形体差异化的组合却毫无违和感

▲图1-12 侯赛因·卡拉扬（Hussein Chalayan）作品

侯赛因·卡拉扬（Hussein Chalayan）的这一作品在空间和时装系列融为一体，为时装创造了一种环境和背景而不是单纯地强调空间设计，达到了时装和空间设计的和谐与共建

▲图1-13 维果罗夫（Victor & Rolf）作品

维果罗夫（Victor & Rolf）将几何元素运用在服装上，带给人无限的想象空间，运用褶皱、层次、构图式等综合设计概念，在衣料上创造出具有建筑风格设计的质感

▲图1-14 几何形的点

几何形的点是由直线、弧线这类几何线分别构成或结合构成的。它给人以明快、规范之感，装饰味比较浓。大面积造型的点在服装中比较有艺术表现力，通常会是一件服装的设计重点或特色

▲图1-15 任意形的点

任意形的点，其轮廓是由任意形的弧线或曲线构成的，这种点没有一定的形状，给人以亲切活泼之感。它在服装中有着丰富的表现形式。图1-15中纽扣就起到了点的作用，通过扣眼和纽扣的设计，不仅起到了醒目的作用，而且增强了服装的趣味性

1.2 经典服装造型要素

经典服装设计的造型要素，是指构成视觉形态的基本要素，即点、线、面。这三个基本要素既有其各自独立的个性，又有着无法分割的本质上的联系，它们相互关联、相互影响。点沿着一定的方向下去就会变成线，线的横向或纵向排列会变成面，面堆积起来就形成体。在造型学上，点、线、面是一种视觉上引起的心理意识。

点、线、面具有符号和图形特征，能表达不同性格和丰富的内涵，它抽象的形态能赋予人们产生情感的共鸣。点、线、面作为服装造型设计的基本要素，是造型元素从抽象向具象的转化，是抽象的形态概念通过物质载体在服装这一实物上的具体表现。

服装设计是由服装具体的造型要素组合而成，若想客观、理性地分析服装设计作品，就必须了解服装设计的造型语汇，而点、线、面则是构成这些要素的基本元素，只有了解这些基本元素，对经典服装设计作品才可进行深入的解读。

1.2.1 点

点是设计的最小单位，也是设计的最基本元素，利用点的聚集联合形成的空间创造即点的构成。点与点之间的引力大小左右着点所形成的线和面的性质。在服装设计作品中，点具有多样的表现形式。

（1）点的形状

点是具有空间位置，并且具备大小、面积、形态等性质的视觉单位，比如以方形、圆形、三角形、四边形等规则形态，或任意不规则形态出现，如图1-14和图1-15所示都是点的特性。

（2）点的位置

点具有引人注目、突出诱导视线的特点，在空间中起着标明位置的作用。点在空间中的不同位置和形态以及聚散变化都会引起人的不同视觉感受。在服装中，点的位置分为局部造型的点（图1-16）和大面积的点。

（3）点的表现形式

对于点的安排和运用，要根据具体的设计效果来决定。服装设计中点的表现形式会因其位置、数量、排列形式的不同而产生不同的艺术效果，如图1-17～图1-19所示。

▲图1-16 局部造型的点

点在设计中有概括简化形象、活跃画面气氛以及增加层次感等作用。可以单个点的形式出现，也可以多个点的形式出现。以散点形式出现的点则会表现出跳跃的效果，引导人们的视线。图1-16就是胸前的装饰性胸花具有局部造型点的作用，点的方位引导了人们的视觉走向

▲图1-17 点的虚实

服装设计中点的虚实包括两方面：其一，当许多条线并列放置，每一条线都在中间断开，由此形成虚点的集合；其二，由于点的材质和制作方式不同形成点的虚实变化。图1-17运用了镂空点，一种虚点的形式，表现为面料镂空处对下层面料的透露，增强了服装的肌理与层次感

▲图1-18 点的排列

点的排列指在服装上的远近疏密，可以增加服装的形式美感。当多个点出现在服装上时，更多表现出线的视觉效果，如直线效果、曲线效果等，具有引导人们视觉重心的作用

◀图1-19　以点为廓型

单独的点出现在服装中，往往会成为服装上的视觉中心，它将决定服装的重点部位，也是观赏者注意的焦点所在，因此在进行设计时，要注意把这个作为视觉中心的点放在合适的位置上，可以放在配饰上，也可以通过廓型表现。图1-19就是强调了点的廓型，同时借助颜色突出了服装的重点

1.2.2 线

线是点的延伸，其定向延伸是直线，变向延伸是曲线。直线和曲线是线造型的两大系列，有宽度和厚度，它是绘画借以标识在空间中位置和长度的手段，线可以描绘出物体的形态和态势。

线是服装的重要组成形式，它既可以是面料图案的表面装饰，也可以是决定服装内部结构的设计线。可以说，在服装设计作品中线是不可避免的造型因素。在二维空间中，线是面的边际线。在三维空间中，线是形体的外轮廓线和标明内结构的结构线。轮廓线是形体在纵深空间中侧面的压缩，结构线是形体正面构造面之间的交接。线由于面积、浓淡和方向的不同可呈现各种视觉表现，具有卓越的造型能力。线的聚集造成面形，封闭的线造成面形。线在构成中的运用是平面造型表现的关键。利用线的基本性质进行形态的空间创造，即线的构成，如利用线的粗细、浓淡、间隔和方向性等性质进行造型的空间表现。服装设计作品中的线因其形式的不同也传递不同的情感信息，分为线的形状、线的位置、线的表现形式。

（1）线的形状

线是点的移动轨迹，是由运动产生的，它在空间中起着连贯的作用，具有长短、粗细、位置及方向上的变化。从服装造型学上讲，线具有位置、长度、粗细（宽度）等性质。如图1-20～图1-22所示，不同的线条形状会给人带来不同的心理感受。

▶图1-20 直线

直线单纯、理性。水平线宽阔、宁静、舒展；垂线则上升、高大

▶图1-21 斜线

斜线是一种使人心里产生不安和复杂变化的线型，给人以运动、活泼、混淆、不安定以及轻盈的感觉，在服装中通常以图案的形式表现

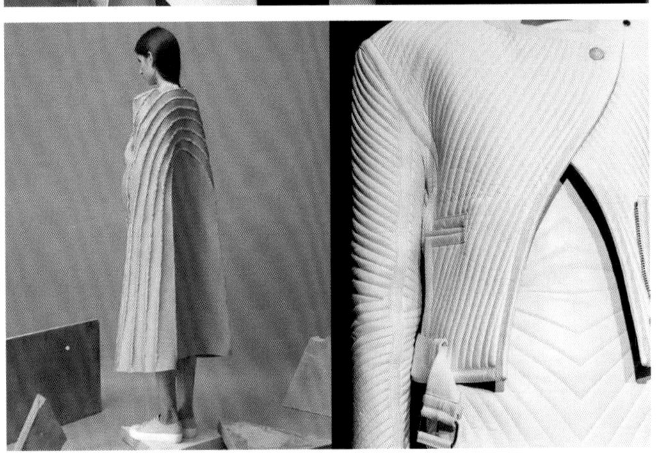

▶图1-22 曲线

曲线是一种极具韵味的线条，能使人产生温和、优美、柔弱、苗条和女性化的感受。自由曲线活泼、奔放、自由；抛物线具有流动的速度感；圆弧线具有理智的明快感；双曲线有对称的运动感

（2）线的位置

分为局部造型的线（图1-23）和大面积造型的线（图1-24）。局部造型的线常用于服装的边缘设计，线的位置比较灵活。大面积造型的线配合材质特性、色彩、形状、粗细等方面的设计因素，往往比较有设计特色。

▲图1-23　局部造型的线

不同长短的线条会给人不同的感觉，短线条显得干脆利落，长线条显得柔美飘逸，长短线条搭配使用可增加服装的空间感

▲图1-24　大面积造型的线

服装的内部结构也存在着多种形式线的构成，如省道、口袋、褶裥等。通过线的变化与组合可以形成独特的服装图案，是服装的形态美的构成。图1-24就是通过线的组合形成后片的完整图案，彰显服装的创造力和表现力

（3）线的表现形式

线的变化会改变服装的整体风貌。线在服装的表现可通过粗细、厚度、虚实、工艺以及辅料产生造型变化，它不仅可以表现为外轮廓造型线，也可作为内部的缝纫线、工艺线。因而在服装鉴赏设计过程中，线也是非常重要的设计语汇，蕴含着丰富的形态构成，如图1-25～图1-28所示。

◀图1-25 平面线

在服装造型中比较平贴的线，这类线看上去比较规整、大方。如图1-25所示，通过衣身的结构分割线，既具有省道塑型的作用，同时色彩与造型的精心设计，也帮助了服装廓型的建立，是兼具功能与美观的设计

▶图1-26 虚实对比线

线的虚实也有两种表现形式：一是线条本身是虚线或实线；二是线条形式的面料是厚实或不透明的，给人比较“实”的感觉，线条形式的面料是轻薄或透明的，给人“虚”的感觉。同时，线的虚实也考虑到了线的排列，一定要合理安排间距，同时结合线条的粗细、形状等因素以增加服装的形式美感

◀图1-27 工艺线

运用嵌线、褶裥、镶拼、手绘、绣花、镶边等工艺手法以线的形式出现在服装上的构成元素，在塑造服装主体结构的同时兼具装饰效果

▶图1-28 配饰形成的线

在服装上能体现线性感觉的服饰品主要有挂饰、腰带、围巾、包袋的带子等。服装上表现线性感觉的辅料主要有拉链、子母扣、绳带等，其兼具服装闭合的实用功能和各种不同的装饰功能

1.2.3 面

面是造型表现的根本元素。线的移动轨迹构成了面，面具有二维空间的性质，有平面和曲面之分。作为概念性视觉元素之一，无论对于抽象造型或是具象造型，面都是不可缺少的。

在服装设计作品中，面是衡量经典服装作品的品质之一。即使极少数的服装单纯以线构成，也会有相应的面的存在，这个面或许是较小的面积。因为服装的每一个裁片就是一个面的构成。面与面之间的分割组合、重叠、旋转会形成新的面。分割组合方式有直面分割、横面分割、斜面分割等。面与面之间的比例对比、肌理变化和色彩配置，以及装饰手段的不同应用，能产生风格迥异的服饰艺术效果。现代服装讲究服装立体感的塑造，当所构成服装的立体面越多的时候，服装的立体感也就越强，在追求廓型塑造的服装设计作品中，面是塑造立体感的直接元素。

（1）面的形状

面在二维画面中所担任的造型角色较之点和线，形态显得更为稳定和单纯。随着面的形状、虚实、大小、位置、色彩、肌理等变化，可以形成复杂的造型世界。面是造型风格的具体体现。

面根据构成形态分为方形、圆形、三角形、多边形以及不规则偶然形等，如图1-29和图1-30所示。正方形或矩形具有严肃稳定感，圆形具有丰润轻快感，三角形具有不稳定感，多边形以及不规则偶然形具有随意活泼感等。

▲图1-29　直线面

通常长方形、正方形和三角形称作直线形的面。直线形的面具有明确、简洁、秩序性强的特点，用在服装设计中感觉干脆、利落，现代感强

▲图1-30　曲线面（一）

圆形、椭圆形等称作曲线形的面。圆是最单纯的曲线围成的面，在平面形态中极具静止感。由自由曲线圈出的面就是随意形的面。随意形的面随意、自如、轻松，充满情趣。曲线面的拼接具有圆润、自如、流动的视觉特点

（2）面的位置

面具有长、宽两度空间。直线的平行移动为方形；直线的回转移动成为圆形；直线和弧线结合运动形成不规则形。不同形态的面在服装中所处的位置不同，会影响服装的整体造型，如图1-31和图1-32所示。

▲图1-31　曲线面（二）

曲面造型通常体现人体的曲线，借助面料的拼接，形成新的造型结构，塑造新的形态，优化人体的曲线特征

▲图1-32　曲线面（三）

曲面拼接可以塑造出异于人体形态的服装廓型，这类廓型具有夸张的造型特点，是创意服装常用的设计手法

（3）面的表现形式

面的表现形式与载体相关，不同的设计载体使其表现出立体感、韵律感、动态感、透明感、错觉感等多种效果。如面料的拼接表现、图案表现（图1-33）和配饰表现（图1-34）都会影响其服装的整体效果。

▲图1-33　图案表现的面

不规则形面在设计中会有意回避规则的几何图形而采用自然形态。有时也会综合多种规则形，总体上给人以不规则的视觉感受。服装上经常会使用大面积装饰图案，而且图案往往会成为一件服装的特色，形成视觉中心

▲图1-34　配饰表现的面

服装上面感较强的服饰品主要有非长条形的围巾、装饰性的扁平的包袋、披肩等，它们常常成为服装的主体，对服装的整体比例具有调适作用

1.3 经典服装形式美法则

当代服装风貌可以用日新月异来形容，服装设计艺术作品是人对现实审美认识的外化形式。服装设计师在艺术创作的过程中遵循艺术设计构成要素和构成法则。服装设计是以艺术、美观、使用、综合功能等为基础进行作品构思。在鉴赏经典服装设计作品时，我们只有了解艺术创作规律与形式法则，才能品鉴出优秀服饰设计的艺术精髓。

服装外在的形式是服装鉴赏核心所在。从某种程度上说，服装的形式美是一件经典服装设计作品至关重要的因素。诚然，所有有关服装创作的技术问题大量集中在对形式美的把握之中，不同的形式美由不同的服装造型方式和装饰手段构建，服装设计实际上就是形式美多样性方式的探索过程，只要符合规律，可以变化出多样的外观形式。

服装设计作为一门视觉艺术的创造，它的造型美是依靠人们的美学感知得到的，它的形式体现是在生产生活以及自然界中各种因素（色彩、线条、形态、声音等）的有规律的组合。服装设计不是纯意识的创造，而是按照美的规律和形式创造出来的，加上对人体自然美的分析、强调、利用，并以创造性的思维方式去发现和创造的形态化表现。在服装设计过程中，服装设计的形式美遵循美学的一般规律，体现为比例、旋律、对比、统一、平衡、反复、强调、协调八大方面。本节的重点就是从以下几个方面来认识和研究经典服装设计作品中的形式美。

1.3.1 比例

比例是指事物的整体与部分、部分与部分之间存在的数量配比关系，是由长短、大小、轻重、质量之差产生的平衡关系。就服装设计来说，比例就是指服装各部分尺寸之间的对比关系、部分与部分或部分与整体之间的数量关系，既包含了各部分大小分量的对比，也包含了长短尺寸与整体的比较关系。

服装整体与局部、局部与局部、配件与整体、配件与局部之间的比例关系是人们在长期的生产实践、生活活动中以人体自身的尺度为中心，根据自身活动的便利和审美习惯总结出的各种尺度标准。图1-35为上下装不同比例的服装设计作品。

▲图1-35 上下装不同比例的服装设计作品

同一系列不同比例的服装总是蕴含着美的比例与合理的尺度。布局的形式是丰富多样的，比例的变化可以丰富服装的视觉效果，调整人们的视觉重心，从而起到优化长处、遮蔽短处的作用

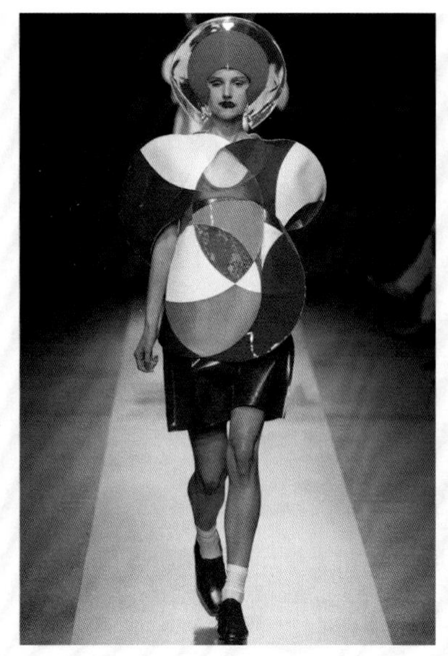

▲图1-36 等比例分配的服装设计作品

比例分配是在两个或两个以上物体之间确定某种比例，按比例分配的对象不是一个物体。图1-36中的作品通过上装与下装的比例，上装中肩部与衣身的比例，面料图案切割的比例等多重比例分配的设置，给服装带来了丰富的视觉层次

▲图1-37 配饰优化比例的服装设计作品

通过腰部蝴蝶结的收腰设计，提高了人体的腰围线位置，加长了人体的下半身长度，优化了人体比例，形成上短下长的视觉效果

在服装设计中，比例是决定服装款式变化创新，以及服装与人体关系的重要因素。面料、色彩、结构都会影响服装比例的外观效果。图1-36为等比例分配的服装设计作品。

除了服装主体的长度与宽度的比例决定了基本造型比例外观外，服装外形的长宽与领、袋、袖等部件之间还组成了一种重要的比例关系。在多件服装搭配中，腰带等饰品也可展现出不同的人体比例，体现人体的曲线优美，如图1-37所示。

在当代服装设计作品中，为了独特的视觉效果和设计表达需求，一些设计师有意地设计出一些打破人的身体特征、功能需要和超乎人类通常美感比例的作品，这类作品常常显得特立独行又充满视觉冲击力。如图1-38所示为特殊比例的服装设计作品。

1.3.2 旋律

人的视线在随造型要素移动的过程中所感觉到要素的动感和变化就产生了旋律感。在服装设

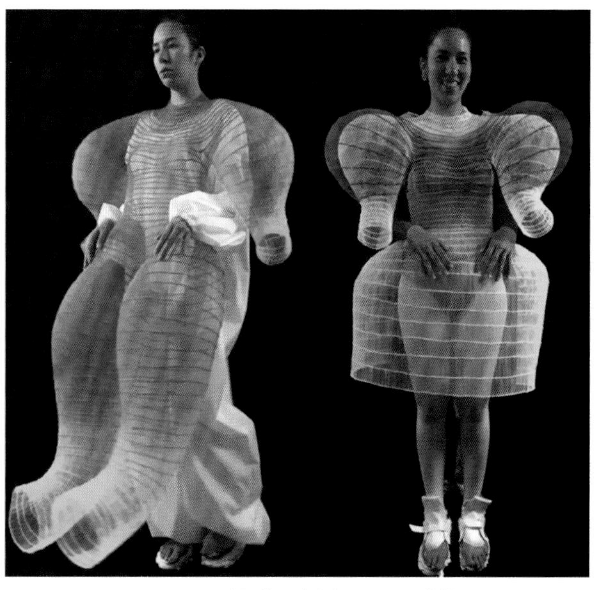

▲图1-38 特殊比例的服装设计作品

特殊比例的服装需要借助服装辅料进行塑型，产生有别于人体的变化造型，使服装充满夸张感

计中，我们把在视觉上形成有规律的起伏和有秩序的动感，展现出律动效果的表现称为形式美规律中的旋律。它通常表现为造型、色彩等在一定的时间和空间内，间隔一定周期的循环。服装设计旋律的美感是通过体量大小的区分、空间虚实的交替、构件排列的疏密、长短的变化、曲柔刚直的穿插等产生的。旋律在服装中的应用主要有重复旋律、流动旋律、层次旋律、放射旋律、过渡旋律等。

（1）重复旋律（图1-39）

重复旋律是指在服装设计中，同一要素通过重复、同一间隔或同一强度产生的有规律的旋律。在服装上，纽扣排列、褶边、穗边等极易产生旋律的边角设计，在造型上的重复都会表现出旋律。重复的单元元素越多，旋律感也越强。

（2）流动旋律（图1-40）

流动旋律是指虽然没有规律，但在连续变化中能感到流动感的旋律。流动旋律具有强弱、抑扬、轻重等变化，是一种不能随意控制的自由旋律。

▲图1-39 具有重复旋律的服装设计作品

通过流苏材质的运用，形成了重复旋律。其中黑色与白色的间隔，使中心设计更为醒目，为了防止流苏缠绕打结，在衣身主体外设计了新的结构用以支撑

▲图1-40 具有流动旋律的服装设计作品

波形褶皱环形上升形成动感，给人如音符般跳跃的感觉。用面料的褶皱以及裙摆波形褶皱的叠层在走动间产生律动感。当着装者行走时，服装会随着人们的运动而与服装渐近渐远，表现在宽松肥大的服装上尤为明显，这时，衣服的自然褶皱和裙摆的自然摆动就会产生流动旋律。材料比较轻薄时，旋律感会更加明显

（3）层次旋律（图1-41）

层次旋律是按照等比等差关系形成通过层次渐近、层次渐减或层次递进的一种柔和、流畅的旋律效果。层次旋律在服装上的体现直观明显，可表现为服装裁片的层层重叠、多重拼接，或者色彩在服装上的渐变、不同服装材料的有规则镶拼或重叠，抑或服装外形的层次变化等。

（4）放射旋律（图1-42）

放射旋律一般是指服装中的伞形褶裙、喇叭裙，以及通过立裁方式牵拉细褶自然形成的放射性褶皱等效果。以脖子、肩部、腰际、手臂、脚踝等人体上的任意部位向外展开的设计大都呈放射状，如披肩领的放射状罗纹、经过处理的外张形领子等。除此之外，依靠工艺和装饰在服装上塑造放射形也是比较常见的，在礼服和表演性服装的设计中最为明显。

▲ 图1-41　具有层次旋律的服装设计作品

运用色彩的渐变形成层次，在服装款式上，造型要素可以由大渐小或由小渐大，按照等比等差关系形成通过层次渐近、层次渐减或层次递进的一种柔和、流畅的旋律效果。层次旋律在服装中会产生非常优美而平稳的节奏感

▲ 图1-42　具有放射旋律的服装设计作品

放射旋律是由中心向外展开的旋律，由内向外看有离心性，由外向内看有向心性。视觉中心往往也是一个很重要的设计中心。图1-42就是以人体的头部作为放射旋律的视觉中心，结合压褶的面料肌理塑造放射状的外部廓型

（5）过渡旋律（图1-43）

过渡旋律使组成服装的各个部分能够自然衔接、相互融洽，使得有明显特征的两部分或几部分服装在视觉上没有太强的冲突感。

▲ 图1-43 具有过渡旋律的服装设计作品

从图1-43中可看出，过渡的元素从抽象的几何形过渡到具象的飞翔的小鸟形态，逐渐疏松的结构与A型的廓型相呼应

1.3.3 对比

对比是指形、质、量相反或极不相同的要素并置排列在一起。将对比的方法运用在服装设计中，通过差别的对立，强化元素的各种特征，在视觉上形成强烈刺激，给人以明朗、清晰、活泼、轻快的感觉。对比在服装中的应用大致可分为四种类别：造型的对比、材质的对比、色彩的对比和面积的对比。

（1）造型的对比（图1-44）

造型的对比指造型元素在服装廓型或细节结构设计中形成的对比。如造型元素排列的疏密、水平线与垂直线的横竖关系、简洁与繁复的风格之间都可以形成对比。

（2）材质的对比（图1-45）

材质的对比指在服装上运用性能和风格差异很大的面料来形成的对比，丰富了服装材质的肌理与视觉感受。

◀ 图1-44 礼服与西装造型对比

通过服装造型的繁与简的对比、曲与直的对比、大与小的对比以及规则型与不规则型的对比等形成反差，丰富了服装结构设计的手段。图1-44就是在礼服设计中融入了西装结构，形成了款式类别的对比

▶ 图1-45 软与硬的材质对比

通过材质轻与重的对比、坚与柔的对比、紧与松的对比、粗糙与光滑的对比以及肌理效果的对比，强化了服装材料的对立差别，增强了服装的质感和层次

（3）色彩的对比（图1-46）

色彩的对比指各种色彩在构图中的对比。如同类色对比、邻近色对比、对比色对比、互补色对比等。

（4）面积的对比（图1-47）

面积的对比是指不同色彩、不同元素、不同材质在构图中所占的量的对比。面积大小的对比给人的感觉是非常直观和显而易见的。

1.3.4 统一

统一是指调和整体与个体的关系。通过对个体的调整，使之更加融入整体，使整体产生秩序感。服装设计中，构成服装的个体相互统一时，就形成服装自身的整体美；当服装本身与饰品等统一时，就会构成着装的整体美。统一按照构成类别可分为重复统一、中心统一和支配统一。

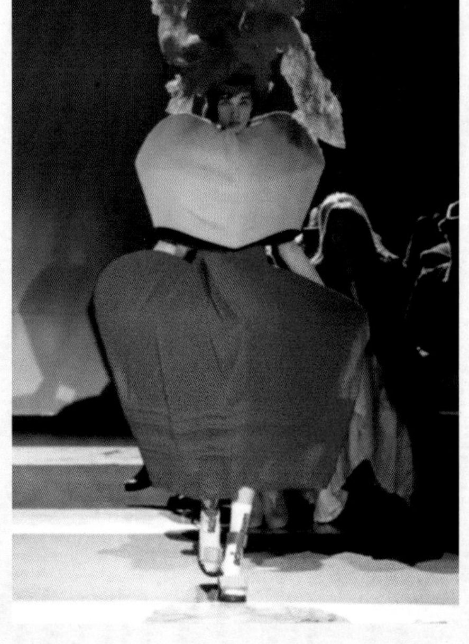

◀图1-46　互补色对比

通过明度上的明与暗的对比、纯度上鲜与灰的对比、色彩上冷与暖的对比，在视觉上形成强烈刺激，给人以明朗、清晰、活泼、轻快的感觉

▶图1-47　面积对比

面积对比可以通过服装形态、色彩面积的大小形成主次分明的服装配色关系，使主体色一目了然，搭配色与主体色形成或相似或对比的关系

（1）重复统一（图1-48）

在设计中将同一元素或具有相同性质的元素重复使用，这些元素在一个整体中很容易形成统一，这种统一就是重复统一，如服饰图案、边饰、零部件等的重复使用。

（2）中心统一（图1-49）

中心统一指整体中的某一个体成为设计中的重点，通过对这一重点的突出和强调，吸引人的视线集中在这个个体上，其余的个体元素以此为中心，并与之协调。

（3）支配统一（图1-50）

支配统一是指主体部分控制整体以及其他从属部分，通过建立主从关系形成统一。在设计中，相同的材料、形状，相同的色彩及花形纹样都可以作为支配的要素。

▲图1-48　重复统一的服装设计作品

在服装设计中，任何一件服装都不是一个单独的个体，而是由造型、材料、色调、花样等许多个体共同组成的统一体。图1-48中衣身主体用了重复褶裥这一造型技法，通过左右分割线的固定，使统一中又蕴含变化

▲图1-49　中心统一的服装设计作品

编织作为整体服饰造型的重点，衣身主体的针织结构与装饰带的编织结构相呼应，蓝色缎带在设计手段上是针织技法的衍生，整体上呈现完善统一的视觉效果

▲图1-50　支配统一的服装设计作品

以立体几何形作为主体的服装结构。服装材质选用黑白灰形成丰富的层次感，通过不同衣片的排列，形成不同的立体效果，但主体仍旧围绕服装的主体基调，形成完善统一的视觉效果

1.3.5 平衡

平衡原指物质重量上的平均计量。在造型艺术中，平衡的概念被丰富了许多，不只是力学上的重量的关系，而且包括了感觉上的大小、轻重、明暗以及质感的均衡状态。在服装设计中，平衡指构成服装的各个基本因素之间形成既对立又统一的空间关系，呈现一种视觉上和心理上的安全感和平稳感。在色彩搭配、面积和体积配比方面，平衡有着很重要的应用。平衡一般包括对称和均衡两种形式。

（1）对称（图1-51）

对称是指图形相对某个基准做镜像变换，图形上的所有点都在以基准为对称轴的另一侧的相对位置有对应的点。对称是造型设计中最简单的平衡形式，尤其在服装中，采用对称的形式很多，因人体结构就是相对对称的，所以对称式的服装会给人以心理上的平衡感。对称有很多种形式，如左右对称、中心对称、旋转对称、平行移动对称等。

▲图1-51　单轴对称、多轴对称、旋转对称的服装设计作品

对称造型分三种形式：一是单轴对称，以前中心线为对称轴，其两侧的造型完全相同；二是多轴对称，就是以两根轴为基准进行造型设计的对称组合；三是旋转对称，以一点为基准，简化造型因素进行方向相反的对称配置，犹如以风车中心为点、叶片随风转动一样。对称体系给人带来严肃、庄重、规整和静态的美感，条理性强，效果端庄而富于稳定性

（2）均衡

均衡是指分布或分配在物体各部分的数量相等，均匀平衡。均衡的形式在结构上都有着严格程式化的骨式和规律，这也是对自然物象结构的揭示。服装造型的均衡是服装对称结构的变化，是在假想的中轴线两侧呈现不同的形态，但给人的感觉又是相等的，分量是差不多的，即形不等而量等，为“异形同量”，是同量而不同形的组合，给人视觉与心理上的平衡。这种平衡是以不失重心为原则，达到形态总体的均衡。设计中常常以不同的形象做匀齐对称的安排，是总体对称而局部又不对称，使均齐的形式有所变化。均衡既继承保持了对称的特质和优点，又融入了变化活泼、自然生动的非对称的艺术要素，形式与效果上更趋向理想、完美。均衡分为对称式均衡（图1-52）和非对称式均衡（图1-53）两种。

▲图1-52　对称式均衡的服装设计作品

对称式均衡是相反双方之间的面积、大小、质料在保持相等状态下的平衡。人体自身就是左右对称的，对称的服装形态在视觉上有自然、安定、均匀、协调、整齐、典雅、庄重、完美的朴素美感，符合人们的视觉习惯。对称均衡运用到服装中可表现出一种严谨、端庄、安定的风格，它是倾向于“统一”形式的，但表现不当，又易呆板单调，沉闷而缺少活力

▲图1-53　非对称式均衡的服装设计作品

非对称式均衡是在服装设计上根据形象的大小、轻重、色彩及其他视觉要素的分布判断平衡，这种平衡关系以不失重心为原则，追求静中有动，以获得不同凡响的艺术效果。无论是服装的造型、色彩、材料还是图案等，任何一个方面的非对称式平衡，最终追求的还是视觉的平衡

▲图1-54　基本造型反复的服装设计作品

袖子采用相同的造型，反复交替，形成花卉状造型，在复制中，强化了袖子设计的主体地位。同一单体的元素通过重复的组合，形成一种具有次序性、规律性的美

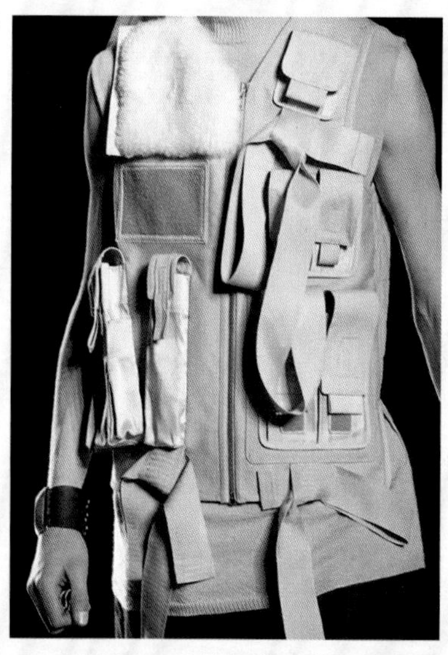

▲图1-55　装饰部件反复交替的服装设计作品

将口袋作为反复交替的主体，在衣身上重复应用，作为服装表面装饰的一种手段。通常采用纯色设计，用以突出部件的重复与相似

1.3.6 反复

同一要素出现两次以上就成为一种强调对象的手段，称为反复。在服装的运用中，常用的有基本造型反复（图1-54）、装饰部件反复（图1-55）同样的色彩和花纹的反复等方式，还有无规律重复（图1-56）和有规律重复（图1-57）等形式。

1.3.7 强调

强调能够突出重点，使设计更具吸引力和艺术感染力。被强调的部分经常是设计的视觉中心。强调在服装设计中的应用主要包括强调主题、强调工艺、强调色彩、强调配饰、强调廓型等。

▲图1-56　无规律重复的服装设计作品

无规律重复指的是技法相同，但位置、色彩、结构没有规律。它通常作为服装图案设计的一种方式，技法灵活，表现手法多样

▶ 图1-57　有规律重复的服装设计作品

有规律重复是服装中最常见到的技法，给人以对称、均衡之美。通过比例上与数量上强化夸张规律重复的主体，可放大重复结构，通常运用在创新结构设计中

（1）强调主题（图1-58）

这种手法一般运用在发布会或比赛服装中。此类设计一般有一个主题，围绕这个主题展开设计；一般以系列形式出现，从构思到材料选择、色彩运用、工艺、配饰等都以突出主题为目的。

▲ 图1-58　强调主题的服装设计作品

强调主题通常运用在系列服装的设计中。如图1-58所示是Marni 2020秋冬的秀场，以“掉进兔子洞的爱丽丝”作为主题，系列服装延续其主题，通过色彩、肌理、结构、妆面进行设计展开

（2）强调工艺（图1-59）

强调工艺指在设计中突出剪裁特点、制作技巧或装饰手法等的应用，将工艺作为服装的设计特色，给人设计巧妙的印象，如镂空、抽纱、褶皱等工艺。

（3）强调色彩（图1-60）

色彩在服装设计中是一个积极而重要的因素，利用色彩作为强调手法，是最容易吸引人们视线的设计形式。

▲图1-59　强调工艺的服装设计作品

工艺是服装设计的主体和亮点。通常强调工艺注重工艺技法的独特性和原创性，同时，工艺需要附加在基础服装结构中。强调工艺作为其装饰存在，主体结构不宜过于复杂

◀图1-60　强调色彩的服装设计作品

通过红色手形的装饰图案，突出了服装编织的主题，同时其形态与表现形式增强了服装的趣味感

（4）强调配饰（图1-61）

广义的服装是指整个着装状态，这就包括了除了主体服装外的配饰等。配饰的强调运用，可点缀某些款式、面料、色彩相对简单的服装，掩饰设计中的不足，还可以使着装者扬长避短，掩饰人体某一部分的缺点。

（5）强调廓型（图1-62）

廓型是服装设计的主体。服装被称为流动的建筑，正是因为服装廓型的多样性。当代服

▼图1-61　强调配饰的服装设计作品

将人脸用面具遮蔽，反而使人们的视觉重心放在了面具上，整体服饰搭配的重点也落在了配饰造型上面

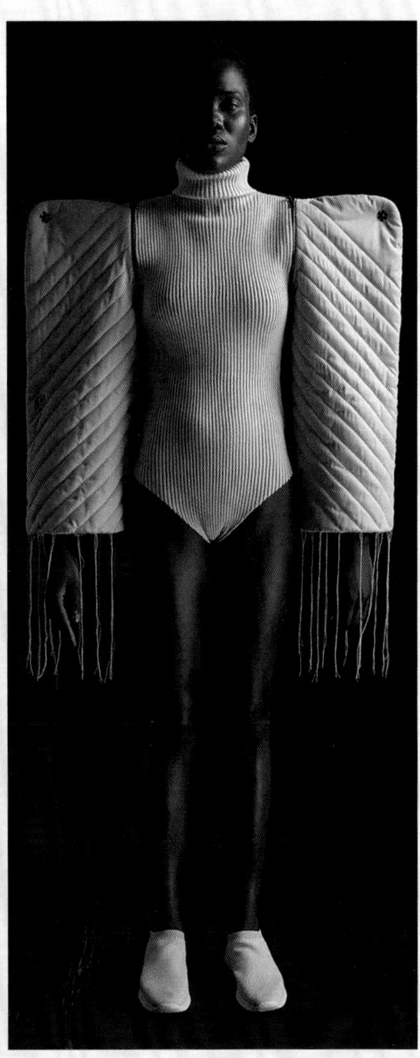

▲图1-62　强调廓型的服装设计作品

将肩部进行延伸，通过面料的绗缝与固定，形成夸张的直角肩廓型。整体服装设计重点放在了肩部，颜色与衣身主体相应的设计感减弱，用以突出与衬托肩部的新廓型

装的廓型发展逐步脱离了与人体体型相吻合的形态，转向以人体支点为基础、多种空间造型相结合的探索中。拓展服装廓型空间的多样性成为服装经典设计作品探索的一个重要领域。

1.3.8 协调

在设计中，为了使设计在保持其功能性的基础上具有艺术的美感，总是会用到两种或两种以上不同的设计元素，如形状之间、形状与色彩之间、材质之间、色彩之间、色彩与材质之间等，协调好这些元素，才不会造成视觉上的混乱。协调的形式按照协调内容的不同，大致可分为以下几类。

（1）类似协调（图1-63）

类似协调指具有类似特点的要素间的协调。类似的各要素有着某种共性，为达到视觉统一而选择相互间有类似特点的要素进行搭配。

◀图1-63　类似协调的服装设计作品

将粉色系的装饰花卉作为衣身主体的元素，形态上采用类似蝴蝶结的结构，但在细节上有技法的变化，整体视觉感十分近似

（2）对比协调（图1-64）

对比协调指对立要素之间的协调。因对立要素之间的差异很大，最佳的方法就是在两个元素之间加入对方的元素，或者加入第三方元素。这样出于第三方的存在而产生一定的联系，达到协调的目的。

（3）格调协调（图1-65）

格调协调就是风格协调统一所带给人的感觉，如前卫风格、运动风格、中性风格、休闲风格等。

（4）材质协调（图1-66）

材质协调指根据设计风格、造型和材质特性来确定和调整设计的材料和质感，达到整体的协调。

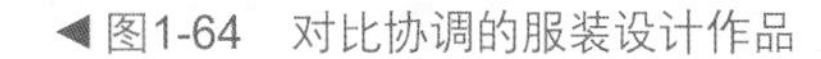

◀图1-64　对比协调的服装设计作品

通过颜色深与浅的对比，形成了服装里外层次的反差，借细带子作为协调元素的第三者，对外部造型与内部造型进行了有效的连接

▲图1-65　格调协调的服装设计作品

格调协调强化的是造型元素通过各种手法组合后所表现出的内涵统一，除了风格的统一之外，通常采用标识性的图案作为其格调协调的连接元素，如图1-65博柏利（Burberry）就是以其经典的格纹图案作为格调协调的重点

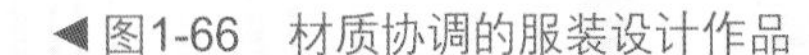

◀图1-66　材质协调的服装设计作品

材质协调是通过类似质地、类似风格进行有机组合，整体上达到协调一致的外观效果。在细节上，不拘泥于色调与材料组织的一致性，更追求风格上的统一与视觉上的和谐

本章小结

服装设计作品不同于其他的艺术设计形式创作，它既需要符合造型设计审美的通用规律，又受限于人体体型的活动限制，这就使得服装设计的审美既遵循艺术的一般规律，同时又具有自身的鲜明特点。经典服装设计作品作为视觉艺术的创造成果，它的造型美是依靠人们的美学感知得到的，它的形式体现在生产生活以及自然界中各种因素（色彩、线条、形态、声音等）的有规律的组合。经典服装设计不是纯意识的创造，而是按照美的规律和形式创造出来的，加上对人体自然美的分析、强调、利用，并以创造性的思维方式去发现和创造的形态化表现。好的服装作品就是一件造型艺术品，有自己的风格倾向和含义，这正是鉴赏服装设计作品所需要领会的艺术核心。

第2章

经典服装设计要素
——服装结构类别赏析

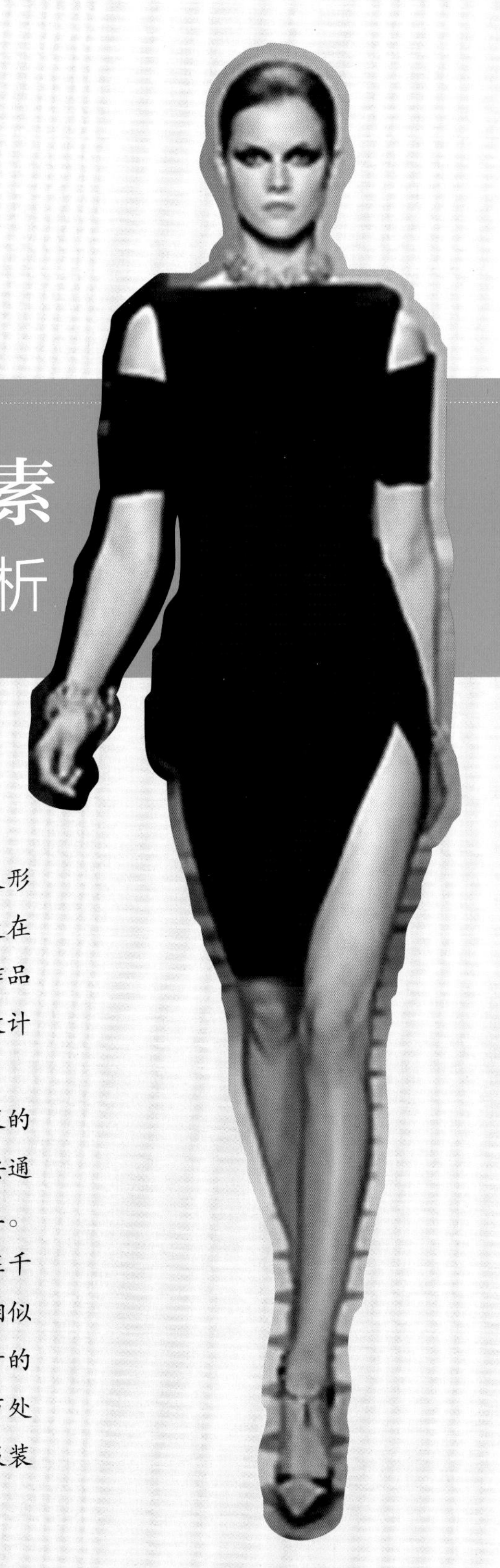

在服装行业中，人们通常把服装的轮廓特征及形态与部件的组合称为服装结构。服装结构的建立是在廓型建立的基础上展开的设计，廓型是服装设计作品的骨架，它不仅表现了服装作品风格，也是服装设计的基础。服装结构就是使其完成廓型的外观状态。

由于人体的体型使然，构建服装结构也因服装的种类、类型有所区分，因而服装结构的实现通常要通过人体的颈、肩、胸、腰、臀、手臂、腿共同建立。各个部位结构和谐才能共建出服装和谐的美感。在千姿百态的服装款式中，经常可以发现服装种类的相似性，即服装的类别化。这些服装常常成为服装设计的经典款，有着稳定的服装结构和具有标识感的细节处理，如西装、裤装、衬衫、大衣、风衣，它们是服装设计作品中经典结构的代表之作。

2.1 服装廓型的类别赏析

将服装结构做动词解释时，它的意思是“通过符号把关于服装造型的计划表示出来，即将想象中的意图现实化”。设计师在造型活动过程中可以通过借鉴、学习现实形态，以其为灵感来源，以概念形态的基本型为单位进行拆解和聚合，进行放大、缩小和变形等处理，以产生自己需要或者向往的服装造型。

作为服装结构设计主要呈现手段，廓型的类别决定着服装设计作品的总体风格。服装廓型按照不同的分类方式可以分为不同的类别，在经典服装设计中，常把廓型设计分类为字母型、几何型、物象型、仿生型等。

2.1.1 字母型

以英文字母命名服装廓型的方法，是由法国设计师克里斯丁·迪奥（Christian Dior）首先提出的。在西方服装发展史中，服装研究者们经常用这些字母来描述服装造型变化，这些廓型也被应用到现代服装设计中。基本的字母型主要有五种：H型、A型、T型、O型和X型。这几种服装廓型也是现代服装设计作品中最常用的廓型形式。

（1）H型（图2-1）

第一次世界大战以后，1925年，H型服装在欧洲颇为流行，但当时还没有以英文字母命名。1954年，迪奥在秋冬系列中推出了一款女装设计，不强调胸、腰、臀三围曲线，整个外观呈“H”形，名为“H型”廓型。1957年H型再度被法国时装设计师巴伦夏加推出，因为造型细长，强调直线，较为宽松，所以被称为“布袋”样式。H型在20世纪60年代风靡一时，80年代再度流行。H型廓型多用于运动装、休闲装、居家服以及男装等的设计中。

◀图2-1　巴伦夏加H型服装设计作品

H型也称矩形、箱形或布袋形。其造型特点是平肩、不收腰、筒形下摆，形似大写英文字母H而得名。H型服装具有修长、简约、宽松和舒适的特点，可掩盖许多形体上的缺点

（2）A型（图2-2）

A型廓型起源于17世纪的法国。第二次世界大战后，法国时装设计师迪奥于20世纪50年代推出A型服装，称为“A-LINE”。从这一时期开始，A型廓型开始在全世界的时装界流行。

A型作为基本型可以有几种变形，常见的变形有：帐篷形、圆台形、喇叭形等。其中帐篷形是上紧下松、衣下摆展开如帐篷的服装廓型，具有较好的稳定感，一般用于大衣或斗篷。圆台形是由肩部至胸部或腰部较合身，自腰部向下敞开，常用于晚礼服和长裙。喇叭形是上身为直筒形，臀部周围开始紧贴，臀部以下用开散裙或褶裥拼接，裙摆大幅度的造型，给人以优雅、高贵的感觉。

▲ 图2-2　迪奥A型服装设计作品

A型廓型也称正三角形，是通过肩部的塑性使上衣合体，同时夸张下摆而构成圆锥状的服装廓型。A型服装具有向上的竖立感，洒脱、华丽、飘逸

（3）T型（图2-3）

这种廓型类似于倒T形或倒三角形，造型特点是肩部夸张，下摆内收形成上宽下窄的造型效果，具有大方、洒脱、刚强的男性风格。T型廓型在第二次世界大战后曾作为军服的变形流行于欧洲，20世纪70年代末至80年代初，再次风靡世界。时装设计大师皮尔·卡丹将T型运用于服装设计，使服装呈现出很强的立体造型和装饰性，是对T型的新诠释。

▲ 图2-3　皮尔·卡丹T型服装

20世纪60年代和2013年设计作品，T型作为基本型，常见的变形是V型、Y型等。其中V型是典型的倒三角形，通过夸大肩部和袖山，缩小下摆，从肩部开始向裙子底摆收拢成倒圆锥状的服装廓型。Y型强调肩部造型的夸张，向臀部方向收拢，下身紧贴，形成上大下小的服装廓型。T型多用在男装和较夸张的表演或前卫风格服装设计中

（4）O型（图2-4）

O型为上下收口的短造型，形似气球或灯笼，多用于夹克衫；长造型似蛋形，夸张肩部和下摆弧线。O型造型具有休闲、舒适、随意的风格特点，多用于休闲装、运动装以及家居服的设计中。

（5）X型（图2-5）

X型产生于欧洲文艺复兴时期，20世纪90年代再度流行。X型作为基本型，常见的变形是自然适体型、沙漏形、钟形。其中自然适体型是指肩部和臀部都不夸张，腰身合身但不贴身，线条自然舒适，适合于正常身材的人穿着。沙漏形是夸张肩部、收紧腰部，夏装比较贴体，是能充分展现人体美的廓型，具有简洁、秀气的风格，适合于体型较理想的女性穿着。现代旗袍、芭蕾装都属于此类。钟形是指腰部用大量束褶来夸张臀部而成钟状的裙子外形，具有庄重、庄严、严谨、柔和、优雅的风格特点，长的钟造型在欧洲多用于婚礼服和晚礼服。

▲图2-4 皮尔·卡丹O型服装设计作品

O型廓型呈椭圆形，造型特点是肩部、腰部以及下摆处没有明显的棱角，尤其是腰部线条松弛，不收腰，整个外观看上去饱满、圆润

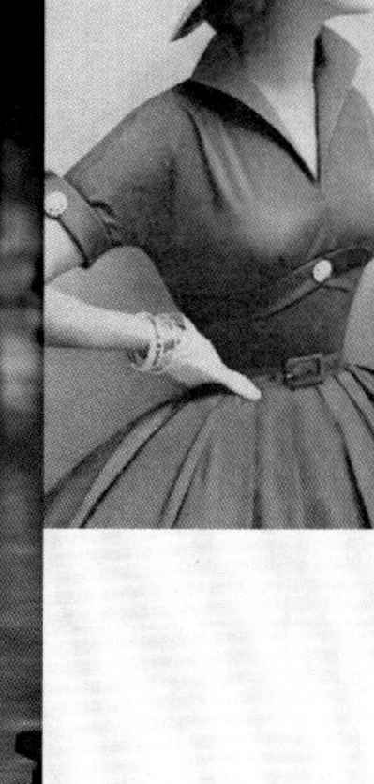

▲图2-5 X型服装设计作品

这种廓型最具有女性特征，造型特点是根据人的体型塑造较宽的肩部、束紧的腰部和自然的臀型，具有柔和、优美、流行的典型女性风格，接近人体的自然形态曲线，是比较完美的女性服装的主要廓型

2.1.2 几何型

服装廓型可以分解为数个几何体，将本来复杂的结构简化为几何形。通过之前的空间形态分解后的几何形，运用结合、相接、剪缺、差叠、重合、图底等方法，并将这些设计手法交叉联合使用，给服装的外轮廓带来无穷的设计思路和灵感。几何造型法的设计自由度非常大，设计时可以不以某个造型为原型，可以创造出多样的外观廓型。图2-6为几何型服装设计作品。

▲图2-6 几何型服装设计作品

在服装造型设计中，可以将分解与重组以后的几何型结合服装造型的特点及人体工效学原理加以嫁接引用。几何模块可以是单个的，也可以是多个的。几何造型就是利用不同的几何型构建服装的造型形式，如三角形、圆形、矩形等

2.1.3 物象型

物体的形态可谓百般变化，无所不有，通过对这些形态剪影变成平面的形式，再抽象成几条线的组合抽象概括，就会得到优美、简洁的外轮廓，而这些廓型经常被设计师模拟、借鉴用到服装的廓型设计中，从而变成具有某种物象形态的服装廓型。帐篷形、沙漏形、钟形就属此列，随着服装结构设计的不断发展，服装物象造型也将越来越丰富。图2-7为物象型Raf Simons服装设计作品。

▲图2-7 物象型Raf Simons服装设计作品

将自然界中丰富多彩的动物、植物模拟化为具体的形状，赋予其独特的文化审美含义。物象型的服装廓型设计是以新的角度提出服装造型的设计方法。它不拘泥于人体本身的形态，而是寻求模拟物体与人体的相通处，以人体为支点创造廓型的方法，是发散性思维的创作方式

2.1.4 仿生型

仿生设计是在仿生学的基础上发展起来的一门新兴学科，它在人类各种科学领域中得到了广泛的应用。仿生设计

▲图2-8 运用仿生设计出的服装

通过研究生物体（包括动物、植物、微生物、人类）和自然界物质存在的外部形态及其象征意义，将服装设计建立在三要素（即形、色、质）的基础上，并通过相应的艺术处理手法将其应用于设计之中

不同于一般的设计方法，它是以自然界万事万物的形、色、音、功能、结构等为研究对象，有选择地在过程中应用这些特征原理进行的设计，同时结合仿生学的研究成果，为设计展现和提供一系列新思想、新原理、新方法和新途径。运用仿生设计出的服装如图2-8所示。

2.2 服装结构设计部件赏析

人体结构的关键点在于颈、肩、腰、肘、臀、膝等部位，服装结构的变化也通常是围绕这些部位产生造型变化的，服装的外部轮廓塑造离不开支撑服装的这些凸点与凹点的形体部位，对这些部位的设计处理，可以变化出各种廓型，从而决定和影响服装风格。通过对这些人体主要部位的刻画，进行夸张和强调的结构设计，能获得人体美的新创造，是经典服装设计作品区别于一般设计作品的重要标志。

2.2.1 领

颈部是连接人体头部与肩部的重要部位。从形式上看，颈部的曲线是人体美的重要体现，它常常成为设计师表现的重点。从结构上看，颈部是连接衣身的重要组成部分。从功能上看，颈部支配着头部的转动，起着活动枢纽的作用。包裹颈部的服装部件称为领子，所以领型设计是服装设计作品中非常重要的一个部分。

（1）无领

无领是指只有领圈而无领面的一种领式，是最初服装领子造型的形式，结构形式简单。按领口的形式可分为圆领、方形领、V形领、船形领、平口领等。图2-9为V形领、一字领、圆领作品。

▲图2-9 V形领、一字领、圆领

无领结构有直接修饰人脸型的作用，同时，无领结构也是充分体现人体肩、颈线条的服装造型形式。无领是直接修饰脸型的服装部件，各种领型的分类有着各自的形态性质和表现手法，在对服装整体效果的表现中既起着呼应的功效，又突出细节

（2）立领

立领的设计原理就是围合颈部的圆柱形，由于人体的颈部是略微向前倾斜，所以立领的上领口会做合体和张开两种形式。图2-10为旗袍领、元宝领服装作品。

▲图2-10 旗袍领、元宝领

领座的高低取决于立领造型，合体式样的领型一般领座高在4厘米左右，方便颈部运动，旗袍领就是此种形式。张开的立领，一般选用挺括的面料或在面料上粘衬，领宽设置在5厘米以上，上口成外翻式样，可以遮住两腮，元宝领就是其典型代表

（3）坦领

坦领是只有领面而没有领座的领型。图2-11为坦领服装作品。

（4）驳领（图2-12）

驳领可以看作是翻领的一种，但是因为多了一个与衣身连接的驳头，所以通常被单列出来。图2-12为青果领、戗驳头领、平驳头领服装作品。

（5）连身领

连身领是指从衣身上延伸出来的领子，从外边看像立领设计，其实不然，它是将衣片加长至领部，然后通过收省、抽褶等工艺手法，得到与领部结构相符合的领型。图2-13为连身领服装作品。

◀图2-11　坦领

整个领子都平摊于肩部、背部或前胸，领面的大小、宽窄及领口线的形状是坦领造型时非常注重的环节，直接影响领子的外观效果。图中第1款为海军领，第2款为娃娃领

▲图2-12　青果领、戗驳头领、平驳头领

驳领一般由领座、翻折线和驳头三个部分组成。这三个部分的不同形状组合就会使驳领产生不同的造型状态。驳领通常要求翻领在身体正面的部分与驳头要非常平整地相接，而且还要使翻折线处非常平服地贴于颈部，所以结构和工艺比较复杂。驳领形式是西装经常采纳的领部造型，依据领角豁嘴的大小分为平驳头和戗驳头，青果领也是驳领的一种形式

◀图2-13　连身领

连身领是较为常用的职业装领型结构，综合了立领与驳领的优点，形式端庄、严谨

2.2.2 肩

从形态上来看，肩部的造型在男女服装的发展中也呈现出不同的趋势。大部分的男装设计作品中，为了塑造男性T型和V型强化上半身廓型的服装，往往通过服装辅料中的垫肩加强上半身形态的塑造。而在女装的设计作品中，宽肩造型常常是女装男性化的一种风格，多半用于男女平权、争取女性自由的时代中。大部分的女装设计作品是适体且适度的表现，而女性的肩部所追求的造型是圆润而纤细的。近些年，有许多设计作品为了强化女性柔弱的特质，采用窄肩的造型，它的原理是将肩上的一部分划分到衣袖上，通过衣袖补齐所缺余量。

肩部附加装饰物也是服装设计作品经常使用的装饰手法，通过襻带、流苏等军用品服装中汲取的元素，塑造英武气质的制服类服装，也是众多设计师经常采用的手法之一，肩部可以通过附加物变化出翘肩等造型。

宽肩、翘肩和窄肩设计作品如图2-14所示。

▲图2-14　宽肩、翘肩、窄肩服装设计作品

肩部是服装的重要支点之一，对服装的结构起着重要的作用，它直接决定了服装廓型顶部的宽度和形状。肩部的宽窄是人体结构的重要参数，它的造型变化主要是通过辅料而进行廓型的改变，如宽肩、翘肩，而窄肩的设计是通过分割位置的障眼法，将衣身切掉的部分在袖子上补足而进行的设计

2.2.3 腰

腰部是服装设计作品着重描绘的部位。从服装的类别上看，无论上装、下装或是连身装都无法避免对于腰部结构的处理。腰部的造型在整个服装造型中有着举足轻重的地位，变化极为丰富。图2-15为低腰、高腰、X型、H型服装设计作品。

▲图2-15 低腰、高腰、X型、H型服装设计作品

从结构上看，腰部的变化分横向的松紧和纵向的高低，因为腰节线是划分服装上下比例关系的分水岭，因而对服装的形式而言有着极为关键的作用。按照横向的松紧，可将腰部的形态变化区分为紧体、合体与宽松；按照字母服装廓型分类，划分为X型和H型；按照腰线高度的不同变化，可形成高腰式、中腰式、低腰式服装，腰线的高低变化可直接改变服装的分割比例关系，对人体的体型具有修饰作用

2.2.4 袖

袖是服装结构重要的组成部分，它承接着衣身与手臂的连接，袖不仅可以起到驱寒遮体的实际功能，也是服装风格的重要体现。袖型设计要求其余作为服装主体部分的衣身造型达到形态上的平衡和协调。由于肩和袖连接在一起，袖型设计和肩部设计相互影响。从造型结构上看，袖的结构以袖肘线为中线，分为袖山的结构变化设计和袖肘线以下的造型设计。因而，袖型设计具有多种分类和表现形式，按类别可分为无袖、连身袖、圆装袖和泡泡袖。

（1）无袖

无袖，是指袖窿弧线的造型，是袖子的一种类别。图2-16为无袖服装设计作品。

（2）连身袖

连身袖是指袖身、衣身连裁在一起的一种袖型。连身袖是最初服装结构的状态，如中国的汉服，连身袖的省道余量转移到腋下，所以连身袖两腋会产生许多褶皱。

图2-17为连身袖服装设计作品。

▲图2-16 无袖服装设计作品

袖窿的高低程度取决于活动量的大小与款式设定。一般情况，夏装的袖窿线靠近腋窝底，而春秋的无袖外套则可适当放低袖窿点的位置。无袖从外观上，可分为插肩式无袖袖窿、吊带式无袖袖窿等多种样式

◀图2-17 连身袖服装设计作品

从结构上看，连身袖分合体和宽松。蝙蝠袖就是宽松连身袖的一种形式。除此之外，插肩袖也属于连身袖的一种形式，它是指袖身借助衣身的一部分而形成的一种袖型

（3）圆装袖

圆装袖又称西服袖，分为大袖片和小袖片两片裁剪，是最符合人体手臂结构的一种袖型，常用于西装和外套的袖装结构。图2-18为大衣圆装袖设计作品。

（4）泡泡袖

服装史上较为著名的一次流行发生在19世纪初的帝政时期，当时流行的高腰长裙即用小泡泡袖。从1920年起，泡泡袖变大且膨起部扩展至整个上臂，即成羊腿袖或悬钟袖。图2-19为各种形态的泡泡袖设计。

▶ 图2-18　大衣圆装袖设计作品

人体的手臂稍微向前，并具有一定弯势。这就意味着与人体手臂吻合的袖型要考虑到手臂的前势、弯势和略微向内的扣势。若要满足这三个结构，只有圆装袖可以达到

▲ 图2-19　各种形态的泡泡袖设计

泡泡袖是指在袖山处抽碎褶而膨起呈泡泡状的袖型

2.2.5 臀

臀围是人体重要的维度单位，也是人体曲线的重要体现。臀型的塑造一直是服装设计表现的重点，臀部的大小对服装外形产生十分重要的影响。不同时代盛行不同的风格，不同的风格又产生不同的臀部表现形式。纵观服装史的发展，臀围经历了自然、夸大等不同时期的形式变化，直接导致和产生了各种服装廓型。图2-20为鱼尾型、合体型、包体型、夸张型的臀部结构设计作品。

▲图2-20　鱼尾型、合体型、包体型、夸张型的臀部结构设计作品

在宽衣服饰中，妇女们通过裙撑来夸大自己的臀部造型；在窄衣服饰中，妇女们通过合体、紧身的造型来刻画臀部曲线。而发展至当代的服装设计作品中，女装男性化，营造一种中性的穿衣风格，臀部的曲线则更多是功能性的体现，通过不同的场合需求，臀部的造型也随之产生不同的形态变化。如鱼尾裙就是通过鱼尾的底摆对比塑造合体的臀型

2.3 经典服装设计结构赏析

2.3.1 西装

西装广义上是指西式服装，是相对于中式服装而言的欧系服装。在中国，人们将三开身或四开身、衣领具有翻领和驳头、左衣片配有手巾袋、衣身两边各有一个大兜盖的合体服装称为西装，显然这是国内对于与本国服装体系不同的西方服装的一种称谓。

西装很多的款式因素究其历史有一定的传承性的功能，由于社会生活方式的改变，形成一种具有纪念意义的装饰性元素被保留在现代西装中。西装样式具有较长的历史性，是服装样式中最经典的款式之一，它的发展经历了多个时代的变迁，因而产生了不同形制的西装变体，这些经典的款式常常不断地影响着当代西装的设计。

（1）弗瑞克外套

西装的发展不是一蹴而就的，其款式的形成伴随着西洋服装的发展历程，追本溯源，将西装的正统标本归咎为起源于18世纪欧洲的弗瑞克外套（Frock coat），也有人称其为晨礼服的前身。图2-21为传统的弗瑞克外套设计。

弗瑞克外套的款式萌芽早在中世纪就出现了，这件外套不可避免地具有古代审美的特性，注重服装的华丽繁缛。双排扣直摆加长的形制是弗瑞克外套的基本特征。进入19世纪，欧洲大兴狩猎之风，绅士们改坐马车为骑马，弗瑞克外套前面过长的双襟搭门很碍事，于是就把前衣襟的下摆掖起来骑马。受此启发，设计师产生了去掉前摆的想法，1830年取名为散步服。

◀图2-21　传统的弗瑞克外套设计

1838年，英国东部有个颇具盛名的赛马小镇纽玛克特（至今仍是世界最著名的赛马大会圣地），这里有种观看赛马用的服装，它采用单门襟设计，看上去比乘马服更方便，由于它适合外出和狩猎而大为流行，并以纽玛克特命名，这就是后来的骑马外套。进入19世纪60年代，衣长有所减短，称为短外套，成为今天西服的前身

（2）晨礼服

晨礼服（morning coat）在19世纪下半叶盛行于英国，当时是英国绅士赛马时的装束，亦称骑马服。第一次世界大战以后，晨礼服逐渐取代了早先直摆、双排扣的大礼服而成为男士日间正式礼服，它只限于英国皇家赛马会和盛大婚礼等重大场合。晨礼服现在很少穿用，仅用于某些特殊场合的礼仪装束。图2-22为经典的晨礼服设计。

▲图2-22　经典的晨礼服设计

晨礼服接近于燕尾服结构，只是前片衣摆由前向后裁成斜线，而非弧线，领型是戗驳领或平驳领，面料是黑或灰色呢料，裤子是黑灰间隔条纹，与上装同质地，裤脚为手工挑边。胸前手巾袋露出白色麻质或绢质手帕。其马甲的设计通常采用与上衣同色的面料，夏季的晨礼服多用白色的面料，双排六粒扣子，戗驳领型，衣长至腰间。脱掉背心，裤子不系腰带而是由白色吊带固定。前片无胸饰双翼领式白色衬衫，搭配蝉形领结，或用黑白斜纹或银灰色领带，也可用阿斯科特领巾（ascot tie）装饰

（3）燕尾服

燕尾服（tail coat）作为礼服是在1789年法国大革命时期，它和弗瑞克外套是18世纪礼服外套的两种基本样式。弗瑞克外套是具有英国本土风格的外套，从最初户外穿用的常服外套发展到骑马服，再到晨礼服延续了

◀图2-23　传统的燕尾服设计作品

燕尾服作为第一晚礼服，其结构形式、材质要求、配色、配饰，以及与其他服装的搭配形式均有严格的规范。通常在收到邀请参加宴会时，对于着装要求，会在请柬中注有“In white tie”，意为请着燕尾服出席。晚礼服形制保持了维多利亚时期的传统样式：缎面戗驳领黑色六纽式上衣（左右各三粒，一般不扣住，衣料是高档黑色呢料，衣下摆呈弧线状裁剪，前胸手巾袋插有白色手帕），配双条侧章黑色西裤，配双翼领、U形硬胸衬白色衬衫，系白色蝴蝶领结。搭配麻质白色方领三粒扣背心，白色手套，黑色大礼帽，晚装黑色漆皮皮靴、黑色袜子和球柄手杖

日间活动的时间概念。燕尾服则保持了法国传统风格的外套风格，最初称为卡特琳的燕尾服，在穿用时间上并没有做出限制，直到1850年逐步上升为晚间正式礼服，第二次世界大战以后正式升格为晚间正式礼服，其形制在维多利亚时代固定下来延续到今天。图2-23为传统的燕尾服设计作品。

（4）无尾燕尾服（Tuxedo，图2-24）

◀ 图2-24 传统的无尾燕尾服设计作品

无尾燕尾服也叫夜间准礼服，在款式上类似现代西装，无燕尾，有双排扣与单排扣两种，但大多数是单排一粒扣或两粒扣，戗驳领或青果领，领面选用缎料，前胸手巾袋露出白色手帕。裤子质料与上衣相同，一般使用黑色或藏蓝呢料，但面料和色彩也可不同，裤侧缝饰有一道绢料装饰带。衬衫前片饰有褶裥并配有黑色蝴蝶结的装饰

（5）袋型常服（图2-25）

西装的现代模式归于约1870～1970年间的“袋型常服”（sack suit）。顾名思义，袋型常服指的就是直身、长方形的西装结构。它起源于19世纪末的美国，因其外观是一种只及腰间的短外套西装，故称为布袋型西装。

现代袋型西装一般是指款式和结构设计相对中庸，形式比较固定的西装款式。其常见形式是平驳领单排扣上衣，按纽扣的数目可以分为单粒扣、双粒扣、三粒扣、四粒扣这几种。另一种常见形式是戗驳领双排扣式上衣，左右门襟重叠较多，重叠量为12～14厘米，纽扣则是双排并列，有双粒扣、四粒扣、六粒扣几种类别。图2-25为袋型常服设计作品。

▲ 图2-25 袋型常服设计作品

最初的袋型常服没有垫肩、腰省，就像一只布口袋挂在肩膀上一样，晃晃荡荡。这是服装史上第一批大量生产的男装剪裁版型，设计的初衷就是为了让每个人都能穿下。最初这种款式是由老牌西服公司Brooks Brothers推出的，20世纪20年代在美国常春藤大学中开始流行

（6）休闲西装

在保持西服基本特征的情况下，在局部造

型设计、细节设计、工艺设计、色彩设计、面料组合、搭配方式等方面都给予了更大的设计发挥空间，获得全新的西装设计制作理念和方式。随着消费观念、穿衣理念以及社会审美标准的转变，休闲西服的制作方式也在传统基础上做出了改变，由加硬衬加垫肩的全挂里设计制作方式向着薄衬无垫肩的半挂里和无挂里的趋势转变，呈现出轻柔舒适性。

图2-26为休闲西装设计作品。

◀图2-26 休闲西装设计作品

作为便装的休闲西服在设计上有了很大的设计发挥空间，融入了休闲生活理念和流行趋势。在图案的选择、面料的选择与结构的设计方面都有很大的改良，休闲的理念体现在设计风格的多元样式中

2.3.2 衬衫

现代衬衫的服装样式起源于西方，指的是可以穿在内外上衣之间，也可单独穿用的上衣。作为服装的基本品类之一，衬衫在人们穿衣生活中有着较为久远的存在历史，在长期的历史过程中其形式在不断演变着，并有着与之相适应的称谓。

（1）经典衬衫

所谓的经典衬衫，指的就是典型的具有衬衫特点的款式，这就意味着衬衫有别于其他服装款式的独特特征都将在经典衬衫中呈现。经典衬衫的结构要素体现在廓型、领子、袖子、门襟和衣身的独特构造中，也就是说这些部位的造型是区别于其他服装款式门类的，是经典衬衫独有的特征，衬衫的设计就是围绕着这些基本结构进行的展开设计。图2-27为

▲图2-27　经典衬衫设计作品

经典衬衫的设计变化主要集中在领型、袖口克夫和门襟这三处。其基本领型是大八字领，适合打领带，也有平领和小八字领，比较偏离传统一点。袖口克夫分为直角或圆角两种，门襟多为连裁门襟和另裁镶门襟。左胸部有一个平贴袋，贴袋外形简洁，无袋盖、纽扣。经典衬衫在男女装款式中，并无太大区别，女装经典衬衫廓型上更多采用合体设计，有省道和分割线的运用，无贴袋设计

经典衬衫设计作品。

（2）休闲衬衫

休闲衬衫是指款式宽松、细节设计较为灵活的衬衫。它的变化主要体现在廓型的变化以及与之相协调的袖型设计、领型设计、门襟设计，强调衬衫特征性的细节和工艺设计，其中领型与袖型是决定休闲衬衫类别的关键。休闲衬衫领型不拘泥于传统的立翻领形式，它的拓展设计包括闭合领和开合领的基本结构变化，并在此基本结构变化的基础上进行样式的变化。休闲衬衫的袖子也是其款式变化的重要元素，包括袖窿变化产生的绱袖和落肩袖、袖山变化产生的泡泡袖、袖肥变化产生的喇叭袖以及袖口和袖长的多样性变化。

（3）乡村样式衬衫（图2-28）

◀图2-28　乡村样式衬衫设计作品

乡村样式衬衫通常采用较为宽松的造型，无领或小领的开合领设计，宽松的袖型设计，细褶、碎褶、小纽扣、抽带等装饰设计，表现质朴、恬静、舒适的感觉

（4）宫廷样式（图2-29）

▲图2-29　宫廷样式衬衫设计作品

宫廷样式衬衫通常采用较为合体的造型，立领设计，较合身的袖型，在袖山处常有打褶设计，采用荷叶边、塔克裥等装饰设计，表现复古、华丽的感觉

（5）西部牛仔样式（图2-30）

▲图2-30　西部牛仔样式衬衫设计作品

西部牛仔样式衬衫通常采用较为合体的造型，翻领设计，较为紧凑的袖型设计，缉线、装饰贴布、滚皮条、刺绣等装饰设计，表现粗犷、质朴的感觉

（6）职业样式（图2-31）

▲ 图2-31　职业样式衬衫设计作品

职业样式衬衫通常采用较为合体的造型，翻领设计，较合身的袖型。较少有装饰或采用较为简洁的装饰手法，如简单分割、少量打褶等设计，表现简洁、干练的感觉

（7）狩猎样式（图2-32）

▲ 图2-32　狩猎样式衬衫设计作品

狩猎样式衬衫通常采用较为合体的造型，翻领设计，有一定松量的袖型，在袖口处常有收口设计。采用贴袋、扣襻、缉线、功能扣等装饰设计，表现运动、功能的感觉

2.3.3 夹克

夹克是英文Jacket的译音。夹克自诞生以来，其造型、款式、功能以及着装状态均随着时间的推移不断演进变化着，表现出浓郁的时代特征。

现代夹克的基本款式造型通常是指衣长较短、胸围宽松、紧袖口克夫、紧下摆克夫式样的上衣。夹克自形成以来，款式演变千姿百态，不同的时代留下了不同形式的经典夹克款式。时至今日，夹克这一服装形式已经派生出众多的服装款式，形成了一个非常庞大的夹克款式体系。

（1）诺福克夹克（图2-33）

19世纪80年代的诺福克夹克（Norfolk jacket）是20世纪夹克服的代表款式，原本是一种流行于欧洲的猎服和野外服，由英国诺福克公爵所穿而因此得名。

英国服饰历史研究学家Paul Keers在评价这件复古风格的野外款夹克时说：“它最大的特点是衣服本身的颜色要与周围景致的色调相称，目的是不引起猎物的注意。”所以诺福克短外套多用犬牙格子纹、青鸟纹等图案的呢料。

▲图2-33　诺福克夹克

其特点是衣长齐臀，在肩部到腰部袋口带有两条同色布宽带，与腰部的皮带呼应，单排纽扣，前后衣片从肩部到衣摆打有盒状褶，大兜盖口袋。这种夹克多为男子运动或旅游时穿用

（2）撒法力夹克（图2-34）

撒法力夹克（Safari jacket）又称为猎装夹克，它是在经过第一次世界大战物资短缺以后而兴起的一件单品，当时的撒法力夹克还是主要解决人们御寒问题的抢手物品，是耐用和品质的代名词。

20世纪70年代，法国时装大师伊夫圣罗兰将撒法力夹克元素吸收，并展示在他的男装T台上；1983年，美国的香蕉共和国（Banana Republic）开始将撒法力夹克作为其“Lookbook”里专门的一个门类进行推广和销售。当今，撒法力夹克已经成为男女休闲外套的一种类别，为现代外套的常见形式。

▲图2-34　20世纪70年代兴起的撒法力夹克风潮

撒法力夹克款式来源于第一次世界大战时英国的陆军军服。它的长度稍微过腰，采用衬衫式衣领，中央单排五个扣子，肩膀部分通常会缝上肩章，而前胸与其下共有四个外加的信封式口袋，口袋有打褶，开口以扣子固定，另外还会搭配与夹克同质料、带有饰扣的腰带

（3）飞行员夹克

飞行员夹克（bmber jacket）是飞行员特定的外套。它兴起于第二次世界大战，是英、美空军的战备服，随后由于飞行夹克防风保暖又有型的款式设计，使之成为服装设计中的经典之作。图2-35为飞行员夹克在女装上的应用。

▲图2-35 飞行员夹克在女装上的应用

大多数飞行员夹克是短款设计，前拉链的搭扣多由皮革制成，领上有毛皮是几乎所有飞行员夹克的独特标记，巨大的翻领可以在飞行时收拢，紧紧地包裹住开放式机舱中最容易进风的领口，甚至有些夹克还出现了领口的绑带设计，以便将领口保护得更加严实。衣身以皮革为主。飞行员夹克也是当时男性穿着毛皮的少数例子

2.3.4 风衣

风衣，顾名思义是一种防风雨的薄型大衣，又称风雨衣。然而，这一意思在英文中有着不同的细分解释：Trench coat、Windbreaker、Duster、Hoodle 甚至是Cagoule，款式不同，穿着的场合亦有分别。

（1）Trench coat

风衣的诞生源于战争，又称为“战壕服”，是第一次世界大战时西部战场的军用大衣。由于战后退役军人复员回归平民生活，所以将这种实用性、功能性较强的大衣款式带

进普通生活，成为深入民间的风衣形式，是当今服装中重要的品类之一。其代表作品有Burberry风衣服装设计作品（图2-36）和Acquascutun风衣服装设计作品（图2-37）。

（2）Windbreaker

在美国和日本，Windbreaker基本上已经是一个“genericized”的商标，就是指商标或者品牌已经成为约定俗成的口语。在英国本土，更多人知道的名称是“Cagoules”；在其他英联邦地区，这种衣物还有另一个名称，叫“Windcheater”。图2-38为Windbreaker服装设计作品。

▲图2-36　Burberry风衣服装设计作品

Thomas Burberry是风衣设计的开山鼻祖，所以Burberry风衣成为现存正统经典的Trench coat 的基本款式：长至膝盖的外套，用防水的重型纺织棉品、府绸或皮革制成，十粒双排纽扣、袖带、拉哥伦袖、肩袋、腰袋，下摆刚好盖过膝盖。考究的插肩风衣，通常还有可拆式内衬，在天气较暖和时即可拆下，肩膀和袖子有防皱的黄褐色聚酯衬布

◀图2-37　Acquascutun风衣服装设计作品

同为英伦品牌的Acquascutun风衣也是Trench coat的经典之作，和其他许多永不过时的经典款式一样，蓝色、杏色和酒红色混合的格子图案是Acquascutun的标志

▲图2-38　Windbreaker服装设计作品

Windbreaker是一件薄身风衣，旨在抵御冷风和雨水，换言之，其先决条件是轻便而且有不透水外层面料，所以设计上通常不会太花哨，以简约的结构特征为主，融合某些有光泽的合成材料类型，而且通常包括一个可束起有弹性的腰带、可拉好的拉链以及隐藏式的帽罩

2.3.5 大衣

大衣大约出现在1730年欧洲上层社会的男装中，其款式一般在腰部横向剪接，腰围合体，当时称礼服大衣或长大衣。19世纪20年代，大衣成为日常生活服装，衣长至膝盖略下，大翻领，收腰式，襟式有单排纽、双排纽。后来将生活中衣长过臀的厚外套统统称为大衣。这种西式款式的大衣约在19世纪中期与西装同时传入中国，成为男女服装的重要品种。

大衣由于其外廓常常会以剪影的方式给人以深刻的视觉印象，并且传递其风格特征、造型风貌等信息，因此大衣的廓型类别是大衣种类的重要标志，大衣常用的廓型有T型、H型、V型、X型和梯形，其中各类都有经典的款式形式。

（1）披肩大衣

披肩大衣（Cape coat）是指装有披肩的防寒大衣，因其起源于苏格兰港都Inverness（茵巴奈斯），也称“Inverness”，披肩大衣外罩圆领披风，款式特点为外罩可脱卸披风的宽松长大衣。和披肩大衣形制相似的还有源于爱尔兰北部地区Ulster的乌尔斯特大衣，也是有大斗篷作为装饰的，此类大衣样式被认为是经典大衣的代表形制。图2-39为披肩大衣服装设计作品。

▲图2-39　披肩大衣服装设计作品

服装款式演变到今天，在追求实用的设计理念下，服装款式不断简化，摒弃了过度的外部装饰。披肩大衣的结构也在变化，披肩可以设计成脱卸式结构，也有的披肩大衣是无袖的。当代披肩大衣更注重于结构的功能性，披肩设计根据款式设计加大或缩小，廓型呈现也更为多样化

▲图2-40　道尔夫大衣设计作品

道尔夫大衣是男装大衣中具有代表性的休闲短装休闲大衣，其基本样式为带风帽的牛角扣粗呢大衣。源自比利时Duffel（弗兰德地区安特卫普省境内）的渔民防寒外套，前门大大的纽扣以及两侧大而舒适的口袋外加一个可以抵御风寒的帽子，是道尔夫大衣最原始也是最具有代表性的款式；标志式的牛角纽扣细节，就是为了让那些戴着手套作业的人也能轻易扣上纽扣而设计的

（2）道尔夫大衣（图2-40）

在第二次世界大战时期，道尔夫大衣（Duffle coat）被用于英国海军的装束上，战后逐渐普及开来。而道尔夫（Duffel）的名称更被当地人误写作“Duffle”，久而久之也就一直沿用至今。同时，作为英国元帅蒙哥马利的最爱，道尔夫大衣又被称为“蒙哥马利大

衣”。业界普遍认为，道尔夫大衣的经久不衰与蒙哥马利的影响力有着不可分割的关系。随着时代的发展，道尔夫大衣逐渐成为年轻式休闲大衣而流行，并且融入了新的设计观念和表现形式。

（3）柴斯特大衣（图2-41）

柴斯特大衣（Chesterfileld）是来自于19世纪中叶英国的男装样式。传统的柴斯特大衣翻领位置为天鹅绒面料，下用领底呢，可作为礼服款。现代柴斯特大衣多为基本样式的变异。

（4）60年代赫本样式大衣（图2-42）

60年代赫本样式大衣指20世纪60年代由纪梵希（Givenchy）为影星奥黛丽·赫本设计的A型大衣样式，随着奥黛丽·赫本在其主演的影片中穿着而流行开来。

▲图2-41 柴斯特大衣设计作品

柴斯特大衣款式多为单排扣或双排6粒扣、暗门襟、戗驳头，左胸有手巾袋，前身左右对称各有一个有袋盖的挖袋，衣长至膝关节以下，有袖衩，面料以羊绒为主，颜色多为黑、深蓝、驼色

◀图2-42 赫本样式大衣

1963年的电影《谜中谜》是奥黛丽·赫本出演的一部模仿希区柯克风格的悬疑佳作，赫本在片中多套由其好友纪梵希先生打造的大衣亦是影片最耀眼的部分之一，均成为银幕经典造型

（5）80年代宽肩直线式大衣（图2-43）

80年代宽肩直线式大衣指20世纪80年代服装流行受女权运动等的影响，在女装大衣样式中体现其时代特征。

（6）围裹式大衣（图2-44）

围裹式大衣是指舒适宽松的大衣廓型，可配以腰带系扎。

2.3.6 裤子

裤子（pants）是指包裹双腿且有裆部结构设计的下装单品。纵观中外服装历史资料可以发现，裤装在东西方服饰构成中均有着悠久的发展，并且在不同历史时期有着各自不同的结构特征和命名方式。

◀图2-43　宽肩直线式大衣

其具体表现为宽肩、下摆略收的微T型直线样式。2010~2011年女装流行20世纪80年代风格，在大衣样式的设计中宽肩直线式大衣再次流行

▶图2-44　围裹式大衣

围裹式大衣受东方直线式剪裁方式影响，在样式表现上不同于西方窄衣文化为主的大衣样式，表现出自由轻松的着装状态

男裤与女裤在结构设计上有所不同。男式裤子需要展现男性阳刚之美，所以十分注重于整体造型而不宜有过分琐碎装饰。常规男裤最大的特点是合身、精致，以此来体现男性干练阳刚。男裤造型种类不多，但也会受流行时尚的影响，变化出一些流行时尚的新款。总的来说，裤子从整体到局部的造型组合具有圆锥形（V型）、喇叭形（A型）、直筒形（H型）三类基本形式，并与齐腰、中腰和低腰的结构对应出现（图2-45）。男、女裤子大都处于这三种类别。

男女裤子在口袋上的差异较大，男裤一般采用侧插袋，侧插袋的三种形式为直插袋、斜插袋和平插袋，裤后开袋有单嵌线、双嵌线和加袋盖的双嵌线三种基本袋型。裤子腰部的褶裥有双褶、单褶和无褶三种形式。而女裤则多用带有弧线的月亮口袋和贴袋。

▲图2-45 喇叭裤、直筒裤、锥形裤

喇叭裤为中裆下成展开的裤脚设计；直筒裤为筒形设计，中裆与裤脚口宽度接近；锥形裤则为小脚口裤子

本章小结

服装结构是鉴赏服装作品的重要方面，也是服装设计师构建空间立体形态对于造型的把握的体现。凡是经典的服装设计作品，无不是在形体的处理上有着独特的结构方式、方法。服装结构依托于人体、面料以及色彩与光共建空间形态。服装结构的建立可以依托于人体也可以借助于人体以外的空间，用面料特性和工艺手段，去塑造一个以人体和面料共同构成的立体着装形象。

服装经典设计作品的结构设计更多具有前瞻性，侧重于艺术创作，其目的是使所设计的服装充分地诠释设计师的创作理念，运用基本的艺术原理塑造出形式美的具体款式。结构设计的优劣，直接关系到服装设计作品的成功与否，在服装设计中占有非常重要的地位。随着时代的发展，服装的结构设计已经成为一件作品是否能被称为经典的重要衡量因素，它的建立充分地体现出服装艺术家的底蕴和创作潜力。

第3章

经典服装设计要素——服装设计细节的处理方式赏析

经典服装设计作品与一般服装设计作品的重要区别就是对于细节的精细处理。服装细节与设计主体结构的完整结合是服装风格化重要的体现形式。因而，服装的细节处理不仅具有其特定的功能，其外在形式要与服装的整体风格与表现形式相一致。与此同时，还要有一定的装饰性。因此服装细节设计不仅要符合外部廓型的要求，而且还要充分体现出人体之美，使整体的设计更加完美。服装细节的处理是鉴赏服装设计作品美感的一个重要方面。

▲图3-1　服装细节处理

服装的细节处理通常是服装廓型的体现，细节设计常常与服装廓型相呼应。此款服装虽然是充满女性化的设计，但由于廓型夸张，所以在领口的设计上，采用夸张的荷叶边设计与宽松的廓型相呼应

▲图3-2　立体贴袋

立体贴袋常用于工装服的设计中，因其立面结构可以承载更多物品，也常常是猎装和夹克服装的首选。立体贴袋常以方形为主，装饰性强，在排列上常采用对称的形式，给人以严谨的感觉

3.1 服装细节设计内容

所谓服装的细节设计，指的是相对服装整体造型而言的局部设计，既包含着功能的设计，也包含着装饰设计。服装细节设计的主体是服装的局部造型设计，是服装廓型以内的零部件的边缘形状和内部结构的形状，如领子、口袋、裤襻等零部件和衣片上的分割线、省道、褶裥等内部结构均属于服装细节设计的范围。

服装细节的设计应与结构风格具有统一性。一般来讲，服装的外观造型决定内部的细节造型，细节设计应考虑与服装廓型在风格上呼应统一（图3-1）。

3.2 零部件设计作品赏析

服装零部件又称服装的局部或细节，通常是指与服装主体相配置、相关联的突出于服装主体之外的局部设计。部件是指功能相同或相近的零件与零件的组合结果，是与服装主体相配置和相关联的组织部分。袖子和领子也可以称为零部件，但由于其在结构上作为设定服装风格的主体设计体现，故不纳为部件进行阐述，而仅把具有辅助功能的口袋、门襟、纽扣、襻带作为服装零部件的主要内容予以分析和鉴赏。

3.2.1 袋型设计

袋俗称兜，具有储放物品的功能，是服装设计中重要的细节装饰之一。口袋既具有盛物的实用功能，又具有装饰美化服装的艺术价值，是服装造型中兼具实用与装饰双重功效的结构设计。

◀图3-3 贴袋是经典衬衫的标志性元素

常规设计取其男左女右，贴袋位置设置在左胸，属于装饰性的细节设计。由于其不具有盛物的使用功能，在现代改良衬衫中，贴袋设计常常被取缔，或以装饰性的形式呈现，排列方式也多种多样，左图所示就是打破常规的对称式排列，打破传统衬衫给人带来的严谨印象

（1）贴袋（图3-2、图3-3）

贴袋又称明袋，是指贴附在衣服主体造型上的一种口袋造型。贴袋分直角贴袋、圆角贴袋、多角贴袋、风琴褶裥式贴袋，适用于外套、衬衫、裤装之中。

（2）挖袋（图3-4）

挖袋又称暗袋，是指在衣片上裁剪出袋口尺寸，利用镶边加袋盖，缉线制作而成的一种口袋造型。挖袋的特点是用色用料统一，能保持服装的外表光挺，多用于男裤装的后袋，有双嵌线和单嵌线之分，也可用在休闲女装中。

（3）插袋（图3-5）

插袋又称暗插袋、夹插袋，是指在衣服缝中制作的一种口袋造型。插袋的特点是可缉明线、加袋盖、镶边条；袋盖可采用同质面料、异质面料或异色面料。插袋多用于衣身侧线、公主线、裤缝线上。

（4）大兜袋（图3-6）

大兜袋用在大衣、外套上带有袋盖的口袋，有贴袋和挖袋之分，袋盖有圆角和直角之分，可用在男装和女装中。

（5）手巾袋（图3-7）

手巾袋是用在男装马甲或外套左胸部位上的一种口袋造型。可以插放丝质手巾，做装饰用，有的设计师也将此种形式的口袋移用到女装外套设计中。

◀图3-4　挖袋

双嵌线与单嵌线属于内置式口袋，不易于盛放过多的物品，以免影响服装的外观造型。双嵌线与单嵌线常用于正装的设计，由于其嵌线的工艺，也可以选用不同色彩和材质的嵌线，与整体的服装色彩与风格相呼应。此图左边的大衣就是利用双嵌线的黑色与衣身的黑色相呼应，而右图的单嵌线用统一面料，则体现协调之感

▶图3-5　插袋

插袋常常利用分割线进行袋口的设计。此图的三款插袋采用了三种不同的形式：左边款是斜插配袋盖，袋盖与风衣的形式相衬，体现出相似形式的类别感；中间款的斜插袋是在贴袋的基础上侧缝线的改良，具有两种形式与功能，兼具插袋与贴袋的优点；右边款采用了和大衣相同的嵌线斜插袋，整体风格协调、统一

◀图3-6　大兜袋

大兜袋是男、女装大衣常用的口袋造型。大兜袋因使用与面料相同的材质，所以常给人协调的感觉，是外套类服装常采用的细节形式。袋盖的设计常常体现出设计师的细节构思，如辑缝明线、手工绗缝或在袋盖上附加装饰扣，是服装细节品质的重要体现，同时也是与整体风格相呼应的点睛之笔

▶图3-7　手巾袋

手巾袋是男士西装和马甲的标志性口袋，设置在左胸。可放置手巾，属于礼节性装饰部件

3.2.2 纽扣设计

纽扣作为传统的连接性辅料产品，其主要功能作用是固定连接。因纽扣常常处于服装的显眼部位，因此它的装饰作用极为重要，设计师常以纽扣作为画龙点睛之笔，丰富整体的设计效果。纽扣有木质纽扣、金属纽扣、包扣、宝石纽扣、竹纽、骨质纽等，如图3-8～图3-10所示。

3.2.3 门襟设计

门襟又称搭门，是指服装的开口形式，一般呈几何直线或弧线状态。门襟不仅具有穿着方便的功能，而且如果能够结合适当的装饰工艺和配饰品，也可以成为设计变化的重点，是服装上重要的装饰部位之一。其形式多种多样，如明门襟、暗门襟、偏门襟、对合襟等。

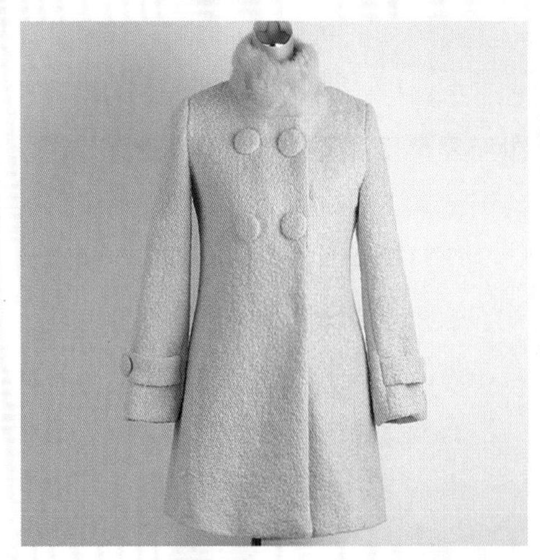

▲图3-8 包扣

包扣是外套类服装经常采用的形式，作用是与服装达到统一，包扣采用的面料通常与服装面料一致

▲图3-9 金属扣、塑料扣

扣子的材质与形态选择常常与服装的类别相关，制服常常选用金属类扣子，而女性化的服装则常常选用花卉形态等具有女性元素造型的扣子

▼图3-10 牛角扣

牛角扣常常配有带状皮条，用于毛呢外套与针织服装的设计中，是英伦元素鲜明的服装设计作品

（1）明门襟（图3-11）

明门襟是指明扣在外面，止口处有明显搭叠量的一种设计造型。有双排扣和单排扣之分。单排扣搭叠量的大小取决于扣的大小，双排扣搭叠量一般取6～8厘米。

（2）暗门襟（图3-12）

暗门襟是指扣在搭门里面，呈现暗扣形式的一种设计造型。

（3）偏门襟（图3-13）

偏门襟是指呈现不对称形式的一种设计造型，常用于传统服装。

（4）对合襟（图3-14）

对合襟是指连接处无叠门，其中一片衣片附带里襟。左右衣身相对，用扣襻或拉链等零部件连接的一种造型设计。

◀图3-11 明门襟

单排扣与双排扣均属于明门襟设计，通过搭合量的多少进行区分。通常情况下，秋冬季服装采用双排扣的形式较多，取其保暖性的考虑，而春夏季的服装则以单排扣为主，是常见的外套形式

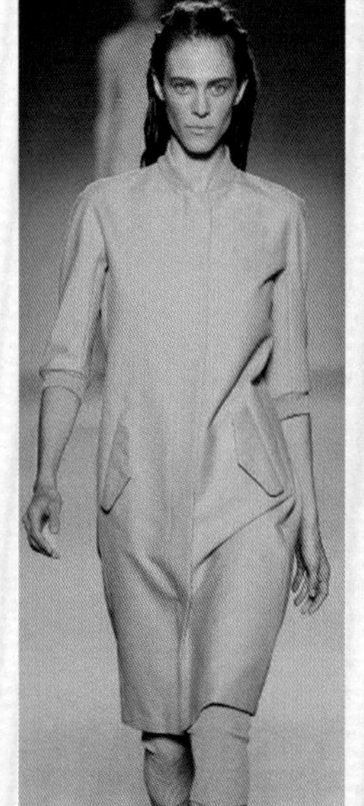

◀图3-12 暗门襟

暗门襟是外套类经常采用的一种闭合方式，其原理等同于单排扣。由于门襟分为双层，所以扣子被掩盖起来，整体的服装看起来协调性好，具有统一的外观形式

▲图3-13 偏门襟

偏门襟打破了传统对称式服装格局，具有鲜明的民族传统意象。其形式活泼、跃动，常用于当代女装设计

▶图3-14 对合襟

对合襟常用于夹克与传统服装的设计，配有衣襟设计，具有简洁、干练的外观特征

3.2.4 襻带设计

襻带是指附加在服装主体上的长条形部件，多以纽扣进行固定连接，起着收缩和装饰的作用。襻带不仅具有补充服装实用性的功能，还具有强烈的装饰审美性，从类别上分为肩襻、腰襻、下摆襻、袖口襻等。

（1）肩襻（图3-15）

肩襻是指设置在服装肩线上的一种襻带造型。肩襻多用于男装或具有男性风格的女装之中，并对肩部形态具有弥补性的视觉错视作用，夸张宽阔感，强化男性英武气概。

（2）腰襻（图3-16）

腰襻是指设置在服装前腰与后腰接合处的一种襻带造型。它多用于女外套、大衣，或裙腰、裤腰等部位，能突出人体的腰部美感，装饰服装的整体造型。

◀图3-15 肩襻

肩襻常应用于制服的设计，具有标识与夸张肩部的作用，是军服风格常用的标志性装饰

▶图3-16 腰襻

腰襻可以快速地改变服装的外观廓型，除了具有装饰性，还具有御寒保暖的实用性功能，是外套、风衣等春秋类服装常常运用的装饰手段

◀图3-17　下摆襻

下摆襻可以收紧腰部，具有防风作用，是夹克类服装常用的细节表现形式

◀图3-18　袖口襻

袖口襻可将宽松的袖口收紧，具有装饰性与防护性作用。袖口襻常与肩襻和领襻同时使用。襻在服装中的细节应用最初源于军队服装的实际功能，是风衣、夹克类服装常常使用的细节设计之一

（3）下摆襻（图3-17）

下摆襻是指设置在上衣前下摆与后下摆接合处的一种襻带造型，多用于夹克衫和工作服中。下摆襻常与收褶相结合，使服装整体呈现V字形，加强男性特征，便于活动和工作。

（4）袖口襻（图3-18）

袖口襻是指设置在服装袖口处的一种襻带造型。它多用于外套、风衣和夹克中，便于工作和活动，增加装饰性和美观性。

3.3 结构线设计作品赏析

服装的结构线是服装形态最重要的塑形方式，它是根据人体形态和运动的功能性要求，在服装上做出的衣片切割线处理，即指体现在服装的拼接部位，构成服装整体形态的

各种线条。结构线的设计既要满足视觉平衡上的美感，也要符合塑造形体的原则。善于运用服装造型设计中的结构线，是一个服装设计师与服装插图画家的区别所在。回顾服装发展史中的许多经典佳作，都与大师们恰到好处地利用了结构线的设计有关。

3.3.1 省道

省道是面料披覆在人体上，根据体型起伏变化的需要，把多余的面料省去，从而制作出适合人体形态的衣服。省道缝合后布料平整，在外观上看不出装饰性，但对服装的廓型具有至深的影响，属于隐形的细节设计。

3.3.2 分割线

从结构上看，分割线的作用等同于省道。但是，从利用分割与面料以及色彩等综合方面考虑，分割线具有省道不可比拟的塑形优点。从服装工艺的角度来看，分割线由于将衣片分割，可化解省道过大所带来的工艺上的不便。分割线根据线型分为垂直分割、水平分割、斜线分割、曲线分割、曲线的变化分割、非对称分割等。

（1）垂直分割（图3-19）

服装的垂直分割具有强调高度的作用，给人带来修长、挺拔的感官效应。垂直分割往往与省道结合运用，或称为省道的衍生变换，如公主线。

（2）水平分割（图3-20）

服装的水平分割具有强调宽度的作用，给人带来平衡、连绵的感官效应。横向分割愈多，服装愈富有律动感，故在设计中，常使用横向分割线作为装饰线，并加以滚条、嵌条、缀花边、加荷叶边、缉明线或不同色块相拼等工艺手法。

（3）斜向分割（图3-21）

斜向分割的关键在于倾斜度的把握，斜度不同则外观效果不一。由于斜线的视觉移动距离比垂直线加长的缘故，接近垂直的斜线分割比垂直分割的高度感更为强烈；而接近水平的斜线分割则高度减低，幅度见增。45° 的斜线分割具有掩饰体型的作用，对胖型或瘦型人体都很适宜。设计服装时使用斜向开刀线是隐藏省道的最巧妙方法，可使服装贴身合体，造型优美，富于立体感。一般情况下，人

▲图3-19 垂直分割

显得形体修长，通过分割线解决了人体曲面的问题。由于错视的影响，分割的面积越窄，看起来越显得细长；反之，面积越宽，看起来就显得粗短

▲图3-20　水平分割

给人以鲜明的韵律感，可起到强调宽度的错视作用，不同形式的分割材质影响服装的风格。左图的几何形分割带有建筑感，右图的波浪形分割则具有柔美的感觉

▲图3-21　斜向分割

斜向分割常以色彩的不同，如对比色、同类色等进行拼接。或以不同材质的面料进行组合，通过面料的肌理进行对比。斜向分割的作品具有鲜明的几何形特征，是极简主义设计的代表，由于其线条简洁，常用于现代感强的服装设计作品中

们只注意斜向的服饰效果，而忽略在斜线内的省道。

（4）曲线分割（图3-22）

曲线分割与垂直、水平分割的原理相同，只是连接胸省、腰省、臀围省道时，以柔和和优美的曲线取代短的省道线，具有独特的装饰作用。人体是个起伏有致的曲面，利用错视效应，可取得扬长避短的效果。

（5）曲线的变化分割（图3-23）

曲线的变化分割是一种结合人体的省道，是将曲线与垂直线、水平线、斜线交错使用的分割方法，使人感到柔和、优美、形态多变。将这些具有装饰性的曲线变换色彩或以不同的织物面料相拼，可产生强烈的动感效果。

曲线变化分割与面料的质地和组织密切相关。组织过松的斜向布纹，其易散开或卷边；布质过薄或悬垂性强的织物，因缝线与织物的牵引力不均匀，易造成服装不平整，因此在鉴赏分割作品的时候也要细心观察面料的选取。

（6）非对称分割（图3-24）

非对称分割的设计，通常所见只是色彩和局部造型的非对称变化。

◀图3-22 曲线分割

曲线分割常常结合人体的自然曲线，是扬长避短的结构线分割设计，曲线分割与色彩和面料相结合效果则更好。曲线分割常用于女性化的设计中，可传递出柔美、妩媚的女性曲线特征

▶图3-23 曲线的变化分割

常常使用拼布的形式，通过面料的重组建立新的视觉形象，是充满未来风格与结构主义意味的设计

▲图3-24 非对称分割

在平稳中求变化，能使人感到新奇、刺激，因此，巧妙地运用省道和分割线，可以使服装款式呈现丰富多彩的变化。由于一反常态，所以非对称服装常常是创意服装设计与概念性服装设计作品常用的表现形式

3.3.3 褶

褶是将布料折叠缝制成多种形态的线条状，外观富于立体感，给人以自然、飘逸的印象。褶在服装中运用十分广泛。褶也是省道变异的一种形式，褶使服装具有一定的放松量，以适应人体活动的需要，修正体型的不足，同时亦可作为装饰之用。按照类别可分为褶裥、细皱褶、自然褶。

（1）褶裥（图3-25）

褶裥是把布料折叠成一个个的裥，经烫压后形成有规律、有方向的褶。褶裥有顺褶、工字褶（明线褶、暗线褶）之分。

▲ 图3-25　褶裥

褶的线条刚劲，褶裥的使用范围较广，通过褶裥方向的使用，可以起到转移视觉重心的效果，是设计师们常用的障眼法塑造服装廓型的一种方式。褶皱具有律动感，也是运动类服装常用的形式，如褶裙可表现女性活泼的青春之感

（2）细皱褶（图3-26）

细皱褶是以小针脚在布料上缝好后，将缝线抽紧，使布料自由收成细小的褶皱，这种褶形成的线条给人以蓬松柔和、自由活泼的感觉。细皱褶在女装和童装中运用极多，也极具变化。

（3）自然褶（图3-27）

利用布料的悬垂性及经纬线的斜度自然形成的褶称为自然褶。常用的波浪褶即是一种自然褶，如360°的圆台裙，以中心小圆作为裙腰，外围大圆自然下垂形成生动的波浪状的褶，褶纹曲折起伏，优美

► 图3-26　细皱褶

自由流动的线条具有别致的装饰作用，细皱褶具有宽松自如的特点，是女性化服装最常用的表现形式。细皱褶常常与丝类服装相配，体现出女性的飘逸、灵动之感

◄ 图3-27　自然褶

褶纹随意而简练，是女性化服装通常使用的装饰手法，常用于晚装与小礼服的女装设计

而流畅。自然褶的另一种形式是仿古希腊、古罗马的褶皱服装，把布自由地披在人体上，利用布料的波折自由收褶，这种即兴发挥的立体裁剪方法在现代服装设计中亦常有应用，风格洒脱自由。

3.4 装饰工艺服装设计作品赏析

在鉴赏服装设计作品时，常常可以发现，在服装造型完善的整体效果中，装饰工艺往往是提升服装外观效果的重要手段。设计大师在准确把握了服装的造型特点、材料特性及色彩的运用之外，对细节装饰也不放过，还经常把工艺装饰作为重要环节，有些服装效果几乎完全通过装饰来加以表现。

装饰的最大功效就是对服装进行修饰、点缀，使原本单调的服装在视觉上加强层次感，形成格局和色彩上的变化，或使原本就颇具个性的服装更加精彩夺目。

3.4.1 镶滚嵌宕

镶滚嵌宕是一种不变的处理方法。它通过镶边、嵌线、滚边、荡条等装饰手法，把装饰布条夹在两层布之间，或贴于服装表面，主要运用于领口、领外围、袖口、门襟、下摆、袋盖等部位（图3-28）。配色上有适当醒目的装饰效果。镶滚嵌宕是我国的传统工艺，也是中式服装中最主要的装饰工艺。它的产生最初源于防止布料脱丝。

◀图3-28 镶滚嵌宕工艺

左侧款是嵌宕的手法，将中国的传统元素应用于西式的连衣裙中。右侧款是旗袍滚边的改良设计。此两款服装都是传统技法的当代应用，由于侧重点的不同，提供了民族服装应用的两种视角。左边更注重于意象的设计，而右边则更侧重于形象的刻画

3.4.2 线迹工艺

服装中线迹的运用几乎随处可见，缝纫线除缝合功能外，还起着一定的装饰作用。线迹工艺是一种典型的装饰手段，它不仅可以展现设计效果，还可以改变服装面料本身的肌理。绗缝是线迹工艺的一种代表，如图3-29所示。

3.4.3 附加工艺

附加工艺包括铆钉工艺、水钻工艺、垂坠工艺等装饰工艺（图3-30）。

铆钉工艺是指用打气孔、金属铆钉的装饰手法，属于现代的装饰工艺，尤其在摇滚风格盛行的时代，此种装饰在服装、配件上经常看到。打气孔除对面料进行镂空处理，还可以进行从孔眼中穿绳带等装饰。铆钉是在面料的表面上铆上豆粒状的金属扣，颜色常为古铜色或银色。水钻工艺是指镶嵌类似钻石、水晶等闪耀宝石，使之拥有奢华、璀璨夺目的效果。垂坠装饰是指用线或绳、皮条制成的流苏，具有流动的韵律感。

◀图3-29 不同形式与材质相结合的绗缝设计作品

绗缝可以增强服装的挺括感，所以是塑造廓型的重要手段。可利用绗缝的特性塑造下装裙子的蓬松廓型。同时绗缝是处理夹层的重要工艺手段，具有良好的保暖性，是冬季服装常采用的细节设计方式

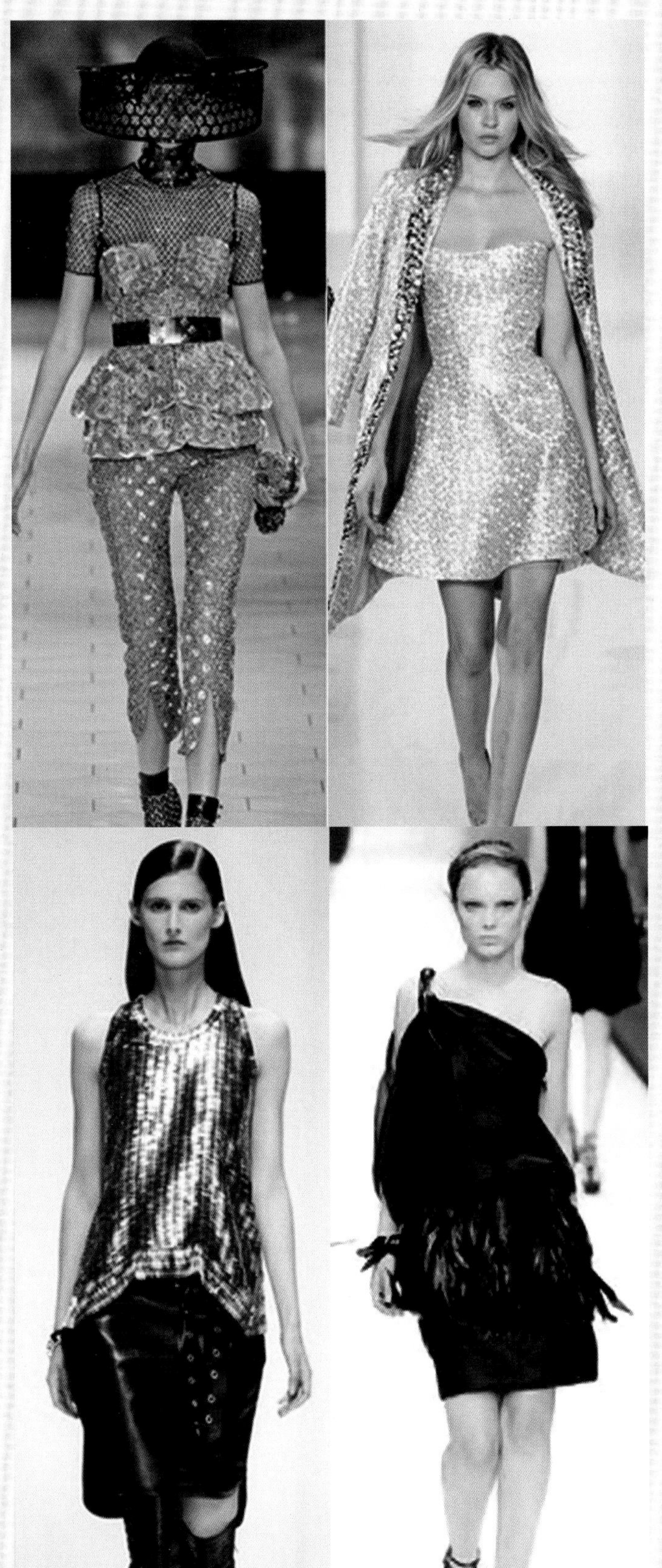

◀图3-30 附加工艺

流苏、亮片、钉珠都属于外在装饰工艺，通过亮度的对比与形式美的结合可增加服装的艺术效果与产品附加值，是高级成衣常用的设计手段。图中大部分的装饰工艺使用金、银等具有金属感材质，可提亮、点缀服装的整体效果，这类工艺也常常是服装风格化的代名词

本章小结

服装设计作品中细节设计的方式方法层出不穷，服装的细节设计和生产过程是设计师对潜在目标群体进行艺术表达和寻求审美认同的过程。真正具有独创风格的服装设计艺术作品能够产生巨大的艺术感染力，从而成功地实现设计师个人特有的思想、情感和审美理想在服装上的延伸与外化表达，最终达到服装艺术设计视觉上的新境界。

第4章

经典服装设计要素——服装设计材料的处理方式赏析

服装材料是服装设计作品呈现的重要物质载体，它承担服装设计内、外双重属性。对内，服装材料是贴近人体的二层肌肤，材料本身的特性决定了与人体肌肤的亲和度。对外，服装材料是廓型和外观视觉效果的重要体现，同样的结构处理方式，采用不同的服装材料会产生风格迥异的外观效果。从某种程度上说，服装材料本身的性能决定了所表现的设计风格。

在服装设计的具体实践中，对于服装材料的设计分为两种：一种是由服装材料设计师进行设计；另一种是由服装设计师进行设计。服装材料设计师所设计的产品为服装设计师提供造型素材，它是服装材料的一次设计。而服装设计师对服装材料的设计多数是建立在服装材料设计师设计的基础上，对服装材料进行二次艺术加工与创造。

服装设计越来越重视服装材料所传递的视觉与触觉感受，在审美的过程中注重层次的递进与品类的多元。正因如此，服装材料设计是经典服装设计的标志之一。无论是经典服装设计作品，还是功能性的实用装设计，服装材料的使用创新都是服装设计作品的亮点。

4.1 服装材料简介

根据服装材料在服装构成中所起的主次作用不同，可将服装材料分为面料和辅料两大类。

4.1.1 面料

面料是指构成服装的基本用料和主要用料，对服装的色彩和结构起主导作用。大体上服装的面料分为以下三大类。

（1）纺织制品

以纺织纤维为原料，运用各种制造工艺与加工方法制成的片状物称为纺织类服装材料。从类别上分为机织物、针织物、非制造物等。

① 机织物　是由相互垂直配置的两个系统的纱线（经纱、纬纱），在织机上按照一定规律纵横交错织成的制品。机织物服装设计作品见图4-1。

② 针织物　是纱线以一系列线圈相互套接的形式织造而成的。可以手工运用单独完成，也可以使用电动机器。针织物服装设计作品见图4-2。

◀图4-1　机织物服装设计作品

大部分服装材料都属于机织物。机织物有三种类型，即斜纹、平纹和缎纹，其在纹路和色泽上有所区别，此图服装属于平纹织物设计作品

▶图4-2　针织物服装设计作品

针织面料常用于运动和休闲服装设计作品中，由于其具有良好的伸缩性，可广泛适应于人体的各种活动。此图带有条纹设计的针织服装设计作品融入了鲜明的运动元素

（2）皮革类制品

皮革服装产生的初衷就是御寒和防护，时至今日，这仍旧是皮革类服装设计作品最为本源的初衷。从外观上区别，分为裘皮和皮革两类。

① 裘皮　是由带毛被的动物原料皮经鞣制加工而成，用于制作毛皮服装和其他毛皮制品（图4-3）。

② 皮革　由动物毛皮经加工除去动物毛并鞣制而成的皮革材料称为天然革皮，其柔软而坚实，是防风、防寒服装的主要首选材料（图4-4）。

（3）其他制品

其他制品是指除纺织类和皮革类以外的制品，如塑料、泡沫、金属、木、骨、纸、石、植物、贝壳、羽毛及复合材料等。图4-5为折纸服装设计作品。

▲图4-3　裘皮

裘皮具有野性与典雅相融的风韵。在裘皮传统的风韵之中，现代设计理念又赋予了皮革更多的气质，皮革的后整理技术越来越多样，且更具时尚感。在皮革上进行的植绒、雕花、压花、压褶、烫花等机械技术，使传统的光面皮革呈现了五花八门的肌理形态

◄图4-4　皮革

皮革是服装设计作品中的重要类别之一。伴随着皮革的工艺处理日益成熟，皮革越来越呈现出时装化的趋势，此图就是利用皮革的分割技术塑造廓型的时装型服装设计作品，它打破了以往皮革服装带给人们粗犷的视觉，实现了较为细腻的女性廓型的塑造

►图4-5　折纸服装设计作品

近年来这类非传统意义的面料素材也大量用于服装面料，大多数用于服装的创意设计，拓展服装空间造型的想象力。图示的折纸服装就是其中典型的代表，此款服装的风琴褶就有一定的拉伸效果，形成了精致、具象的外观效果，准确地诠释了服装图形所构架人体的意义所在

4.1.2 辅料

构成服装时除面料以外的所有用料，统称辅料，它对服装的构成起辅助作用，与面料共同组成服装材料的整体。辅料的辅助功能十分重要，它作用上可分为防护、功能、塑性、装饰、标识五大类别。辅料是经典服装设计作品的隐形因素，同时在创意服装设计作品中，它又是主要的设计亮点。图4-6为以标识类的商标为主体变换的上装。

▲图4-6　以标识类的商标为主体变换的上装

将绳带模拟为领圈，用层叠的彩色标识带发散为衣服造型，设计灵巧，充满趣味感，是将辅料引申为面料的典型设计作品

4.2 服装材料的风格赏析

服装材料作为一种设计载体，符合潜在的审美方式。诚然，服装材料其本身存在的审美特性是多方面的，从不同角度可以发现其具体的风格表现特征。但服装材料外观的艺术形象性风格常常蕴含在其物理性特质的表征中，人们可通过材料的外观形象和手感质地去感知材料的光泽、肌理等材料物理属性，完成对服装材料风格的定位。本节主要分析的是服装材料直接产生的物理属性，即材料在未经服装设计处理前所带给人们的视觉感受。

4.2.1 植物纤维

（1）棉织物

棉织物是以棉纱为原料的机织物。棉布具有良好的吸湿性和透气性，这一特性使其得以广泛应用于各种类别的服装设计作品中，从最受价值驱动的价格范畴到前沿的时尚设计，棉都是各类服装设计材料的首选。图4-7为棉织物类服装设计作品。

（2）麻织物

麻织物是世界上最古老的织物。正因如此，麻织物在服装设计中的使用可以说是一脉相承的，不同国家的服装设计师都将其作为主要的服装设计作品材料，阐释不同的设计理念。

麻纤维去除杂质后具有吸湿性，手感干爽，并且麻面料本身的刚度，可以阻止其粘附于人的身体。其凉爽、易吸湿的特质得到公认，是其他任何天然纤维所无可比拟的，也是炎热气候下保持舒适性的绝佳选择。麻织物常用于宽松廓型的服装塑造（图4-8）。

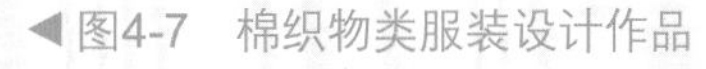

◀图4-7 棉织物类服装设计作品

当代服装设计常常将原本色棉织物作为设计与应用的切入点，将植物纤维的亲肤引申为质朴与自然，将朴素美学由理念引申为形式，借助服装设计的形式表现出来。同时，棉织物易于起皱的特点，被设计师们加以利用，各种自然褶皱就应运而生了，如拧花皱、自然皱等做出很多肌理的变化，从而影响人们对棉织物视觉的感知。棉织物营造了环保、朴素、安逸大设计环境下的一个流动的亮点，这也正是棉织物经典设计的理念之所在

◀图4-8 三款不同款式的麻织物类服装设计作品

麻织物具有良好的挺阔性是其被服装设计作品广泛应用的原因之一。麻织物的塑形性和人体本身产生既合体又分离的空隙感，麻织物本身的空间塑造与人体曲面形成运动空间的间隙量，让服装在运动状态下呈现出与静态完全不一样的动态效果

4.2.2 动物纤维织物

（1）毛织物

毛属于质地丰富的多样的动物纤维，可以表现很多不同特征。它既可以给人以柔软、温暖、舒适和愉悦之感，也可以满足结实、粗犷的功能性需求，同时其内在的悬垂性使其即使是最细的纤维也会显得有光泽、柔顺和高雅。

毛织物作为服装材料的使用始自于人类文明出现伊始。羊毛织物独特的热感应和隔热特质，无论是古代还是当代对于服装上的应用，都一如既往、弥足珍贵。毛织物分精纺和粗纺：精纺毛织物，织纹清晰，色彩鲜明柔和，质地紧密，手感柔软，挺括而有弹性；粗纺毛织物，质地厚实，手感丰满结实，不易变形，保暖性好。图4-9为毛呢服装设计作品。

（2）丝织物

丝绸被视为所有天然纤维中最精致和优雅的品类，也是服装设计作品中最常使用的服装材料。从特性上来说，丝绸具有极强的韧性。

丝绸的导电性能较差，因而在凉爽的气候中穿着更舒适。其恒温特性让人感觉冬暖夏凉，长久以来，人们利用它的隔热特性制作各种品类的服装。图4-10为丝绸服装设计作品。

丝绸具有非凡的视觉表达力，它既可以表现高贵华丽，也可以表现浪漫唯美的梦幻美感。从薄如青烟的透纱，到色彩浓重的锦缎，丝绸材料品种繁多。从织物的肌理表现上看，丝绸材料也涵盖从细腻到粗糙的多样形式，它既可以塑造轻盈飘逸的软质感，也可以制造具有金属光泽的硬质感。利用丝绸本身的特性与表现形式，可以在服装设计领域进行多方面的探索。

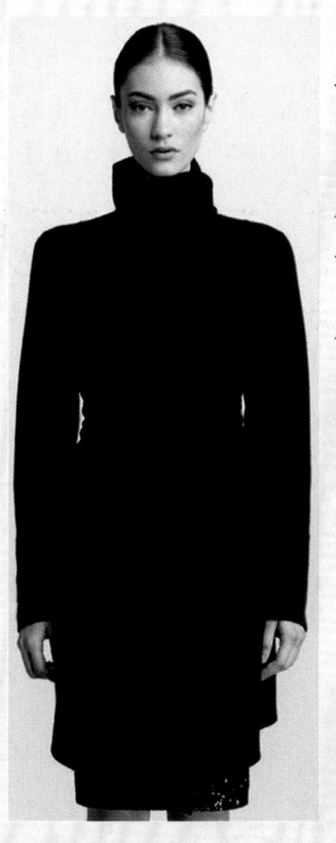

◀图4-9 毛呢服装设计作品

挺括兼厚度的毛织物服装造型常常避免烦琐，以简单的、理性的外轮廓线为主。当代毛织物的发展趋势是：质地趋薄、手感趋软、花色趋多，打破了传统毛呢"厚、硬、重"的外观效果。现代服装设计作品中的毛织物也常常进行较复杂的空间造型设计，而且造型极具张力

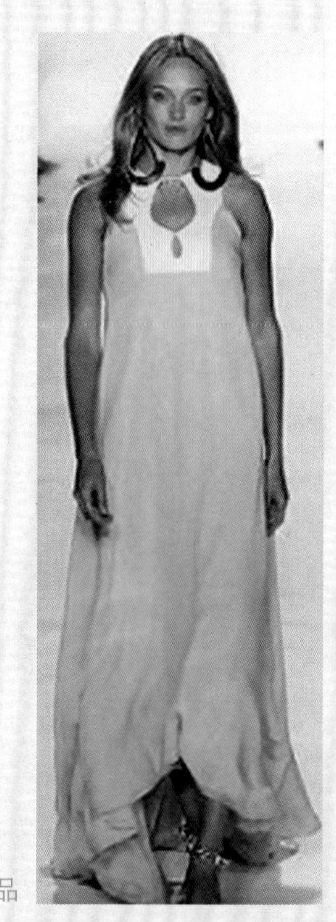

▶图4-10 丝绸服装设计作品

4.3 传统服装材料技法赏析

历代民族服装的传统技法是现代服装设计作品的根基，同时它是人类智慧的结晶，凝结了人类丰富经验和审美情趣，亦成为后人进行服装面料再造艺术的依据之一。

中国的刺绣以及镶、挑、补、结等古代传统工艺形式，西方服装中的流苏、布贴以及立体造型如抽皱、褶裥、嵌珠宝、花边装饰、切口堆积、毛皮饰边等方法，都是服装面料艺术表达的形式。各民族有迥然不同的服饰文化和服饰特征，文化的差异往往使设计师产生更多的艺术灵感，民族服饰和传统服饰是服装设计师进行作品设计的重要艺术依据。

4.3.1 绣

绣，是指用丝线、绳、带、珠等材质在织物或皮革上缀成花纹或文字，也即在一定的面料材质上按照设计要求进行缝、贴、钉珠、穿刺、粘合等手法，通过运针，用绣线组织成各种图案和色彩的一种技艺。刺绣的历史悠久，遍布世界各地，刺绣的方法也各有不同，每一地区的刺绣设计也各具特色。以下是服装中常用的刺绣技法。

（1）彩绣（图4-11）

彩绣是指以各种彩色绣线绣制花纹图案的刺绣技艺，具有绣面平整、针法丰富、线迹精细、色彩鲜明的特点，在服装饰品中多有应用。

（2）珠片绣（图4-12）

珠片绣是以空心珠子、珠管、人造宝石、闪光亮片等为材料，缀绣在面料上，一般应用于晚礼服、舞台表演服和高级服装，也广泛用于鞋面、提包、首饰盒等服饰物品上面。

（3）丝带绣（图4-13）

丝带绣是指以各种彩色丝线绣制花纹图案的刺绣技艺，具有绣面平服、针法丰富、线迹精细、色彩鲜明的特点，是人们最为熟悉、最具代表性的一种刺绣方法。其针法有数百种之多，在针与线的穿梭中形成点、线、面的变化，通过多种彩色绣线的重叠、并置、交错产生华而不俗的色彩效果。

（4）雕绣（图4-14）

雕绣又称镂空绣，是在绣制过程中，按花纹需要先修剪出孔洞，并在剪出的孔洞里以不同方法绣出多种图案组合，或者先绣出花型，然后在花型当中进行剪空与抽丝处理，使绣面既有精美的实底花，又有别致的镂空花，虚实相衬，富有情趣。

（5）贴布绣（图4-15）

贴布绣以形色各异的装饰布为主要绣材，对装饰布运用多种肌理塑造手法，如挤、堆、拧、折、填充等，形成变化多端的创意图形，最后以绣的手法把各种装饰形进行拼接组合后缀于底布之上。

▲图4-11 彩绣服装设计作品

彩绣的色彩变化十分丰富，它以线代笔，通过多种彩色绣线的重叠、并置、交错，产生华而不俗的色彩效果。从此作品中可见图案的色彩表现细微，色彩深浅融汇，是十分细腻的图案表现手法

▲图4-12 珠片绣服装设计作品

珠片绣是高级服装常用到的装饰技法，它在平实的服装上增添了华贵质感。通常，珠片绣的图案是精细而考究的，常以对称的形式出现。有时，为了突出设计主题，珠片绣也常常成为点睛之笔

▲图4-13 当代的电脑刺绣丝带绣服装设计作品

电脑绣花图案设计功能强大，其刺绣软件能将普通格式的图案快速套用各种针法后制作出专业绣花图案。设计图案风格多样，既有传统主题也包含各种创意图案

▲图4-14 雕绣服装设计作品

雕绣是最具有虚实对比的一种材料处理方式，有些类似于镂空，却又比镂空更为精致，常以手工为主，是高级服装设计作品高超工艺集成之所在。在鉴赏雕绣设计的服装设计作品中，一是对于镂空图案线型的赏析，二是对于缝边技法的赏析

▼图4-15 贴布绣服装设计作品

贴布绣由于是在面料的表面叠加图案刺绣而成，所以在视觉上更具有立体感。贴布绣常以图案的形式出现在高级成衣中，以色彩或材质的对比出现，贴布可通过烫贴或机缝的形式加以固定

绣花在现代服装设计作品中，以刺绣手法展现出来的面料艺术再造的作品所占比例极大，这里的绣不局限于传统意义上的刺绣技法，常有突破常规思维的设计出现，使得这一古老的工艺呈现出新风貌。

4.3.2 印染

印染工艺从艺术形式上来看，其肌理效果、有规律的几何图案以及抽象图形都具有极高的审美意向和审美情趣。印染工艺既是古老的艺术又是年轻的现代艺术，其显现出来的质朴、简洁和自然的气息，常常是服装设计师在设计作品中所探索与追求的。传统印染分为以下几种形式。

（1）印花

传统的印花方式分为直接印花和防染印花两大类。

① 直接印花　是指用辊筒、圆网和丝网等设备，将印花色浆或涂料直接印在白色或浅色的面料上（图4-16）。这种方法表现力很强，工艺过程简便，是现代印花的主要方法之一。

▲图4-16　直接印花服装设计作品

直接印花是服装设计作品中最常用的表现形式，它具有快速、准确、风格多样等诸多优势。印花的主题常常取决于服装的风格，印花的图案与配色具有鲜明的倾向性。因而，世界许多知名设计师都有自己的面料印花设备，根据设计的服装要求，自己设计并小批量生产一些具有特殊风格的面料

② 防染印花　是在染色的过程中，通过防染手段显花的一种表现方式，常见的有蜡染、扎染和夹染。

·蜡染：蜡染是蜡画和染色的合成。由于蜡染是特别的工艺，画蜡后在染色中折叠迸裂，染液便会顺着裂纹渗透形成冰纹。冰纹的出现从浅到深，含蓄神秘，而且每件衣服都不尽相同，这就形成其他印染技术无法实现的图案纹理。图4-17为蜡染服装设计作品。

·扎染：古代称为绞缬（xié），是用捆扎、折叠、缠绕、缝线、打结等方法使织物产生防染作用，染色后再拆线结，形成蓝白相间的有多层次晕染效果的花纹布的工艺。扎染也可以有多种色彩的染制，称为彩色扎染。图4-18为扎染服装设计作品。

·夹染：亦称夹缬或蓝印花，以镂空花板将织物夹住，先涂粉浆，干后再染，然后吹干去浆，就能显现出花纹。图4-19为夹染服装设计作品。

◀图4-17　蜡染服装设计作品

蜡染是用蜡刀蘸熔蜡绘画于布后以蓝靛浸染，然后去蜡，布面就呈现出蓝底白花或白底蓝花的多种图案，所以蜡染的服装通常是蓝白两色。蜡染图案丰富，色调素雅，是极富有民族特色的服装材料之一

◀图4-18　扎染服装设计作品

扎染工艺分为扎结和染色两部分，其目的是对织物扎结部分起到防染作用，使被扎结部分保持原色，而未被扎结部分均匀受染。所以扎染的面料易形成深浅不均、层次丰富的色晕和皱印的效果。扎染可以染出表现具象图案的复杂构图及多种绚丽色彩的精美图案，其作品稚拙古朴，新颖别致

◀图4-19　夹染服装设计作品

图案多以四方连续纹样为主，形式对称、严谨

（2）绘

绘有手绘、喷绘等方法。手绘是指运用一定的工具和染料以手工描绘的方式在织物上进行图案绘制的一种技法。喷绘是指液体颜料通过气泵在织物表面形成一种精巧细腻的图案。手绘工艺不受机械印染及多种图案套色的局限，方便灵活，是使面料获得外观艺术效果的较直接又简便的方法。图4-20为手绘图案服装设计作品。

现代服装材料设计师将自己的手绘设计稿或通过计算机设计出的图案，通过数码喷绘技术印出来。图4-21为数码印花服装设计作品。

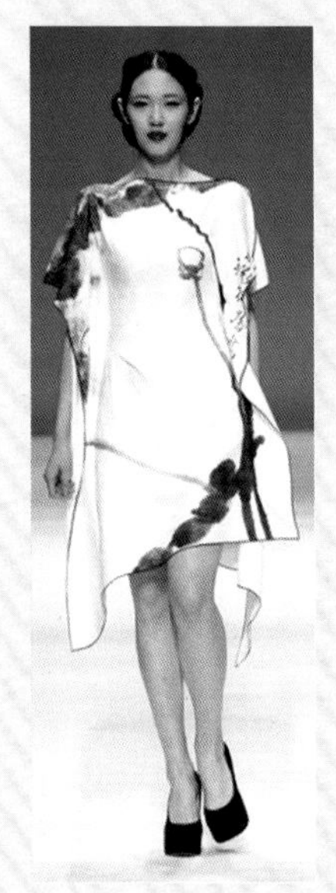

◄ 图4-20　手绘图案服装设计作品

手绘技法对绘画艺术的功底要求较高，笔墨可以采用写意或工笔，浓淡随意相宜，能很好地表现面料的艺术个性，是绘画艺术与服装艺术合二为一的双重艺术形式

► 图4-21　数码印花服装设计作品

数码印花色彩效果丰富细腻，可进行颜色高精细图案的印制。设计题材不受限制，图像处理精细，色彩准确

4.3.3 缝

（1）绗缝

“绗”是一种缝纫术语，最初的意思就是用针线粗缝，把棉絮固定在里子上，使其不致滑动。后来逐步发展为具有实用与装饰双重功能的绗缝工艺，即两层面料之间加入一定的填充物，如棉絮、羽绒、毛线等柔软而蓬松的东西，然后按照一定的线迹在表布上辑压明线，或者先辑压明线后再进行填充，从而使服装材料表面具有类似浮雕的花纹图案。绗缝服装设计作品见图4-22。

（2）抽缩缝

抽缩缝又称细褶缝，是在薄软的面料上设定一定的间隔针脚密度，从正面或反面捏出细褶进行缝合，表现有规则的立体叠褶外观。抽缩工艺是一种传统的手工装饰手法。抽缩缝具有很强的装饰效果，不仅可以打破服装上大面积的平行格局，制造繁密与舒朗的对比

◀图4-22 绗缝服装设计作品

绗缝由于具有一定的厚度，所以装饰效果极为强烈，具有一定的保暖与装饰意义。绗缝的线迹通常分为图上所示的几种形式：三角或六角几何绗缝、菱形绗缝和人字形绗缝。绗缝的形式丰富多样，可在面料上体现出明显的肌理效果，增强服装材料的质感

效果，还可增加服装的体积感、层次感。抽缩缝服装设计作品见图4-23。

（3）平面花式缝

平面花式缝是指在服装面料上按照一定的图形轨迹拼接布料时运用花式线迹进行装饰的技法。平面花式缝包括车缝与手针两种形式。车缝线迹种类很多，如平缝线迹、锁式线迹、链式线迹、人字线迹、羽状线迹、Z形线迹等。手针也有很多方法，如缭针缝、环针缝、叠针缝、绗针缝、花针法等。

平面花式缝既可以用于平面图形的装饰，还可应用于布料拼接和缝缀。按照一定的图形轨迹进行的花式缝，主要是为了表现图形与缝迹的美感，可以进行针法与缝线色彩的变化，使材料呈现出更丰富的视觉效果。图4-24为平面花式缝服装设计作品。

（4）褶缝

褶缝有对褶缝和单向褶缝，其服装设计作品见图4-25。将面料顺着同一方向整齐排列褶距，再以一定的间隔辑缝固定，称为单向褶缝，又称顺风褶缝。缝辑有横向、纵向、斜向和锯齿等多种方法。褶缝的大小变化、辑缝固定时的变化以及褶裥方向转换的变化均能产生十分丰富的装饰工艺。

◀图4-23 抽缩缝服装设计作品

抽缩缝能加强面料外观的褶皱的起伏效果，褶皱起伏的大小程度往往与缝合的针距有关，针距越大，起伏越大，反之，起伏密集而细腻。抽缩缝的褶皱呈现出不同的延伸方向，形成的肌理效果也会有所不同，图中的荷叶边是最常用的抽缩缝技法，具有鲜明的动感之美

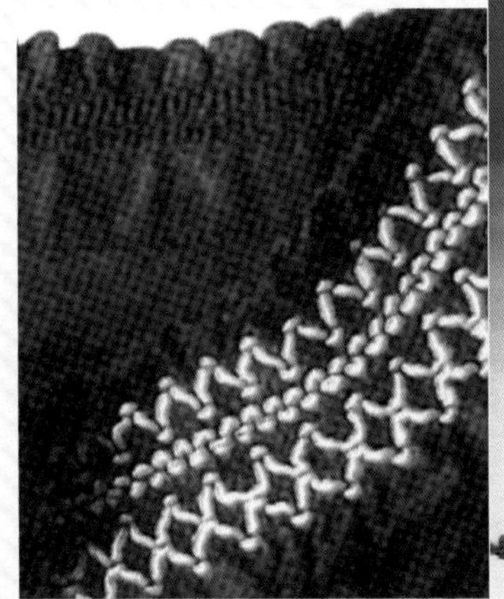

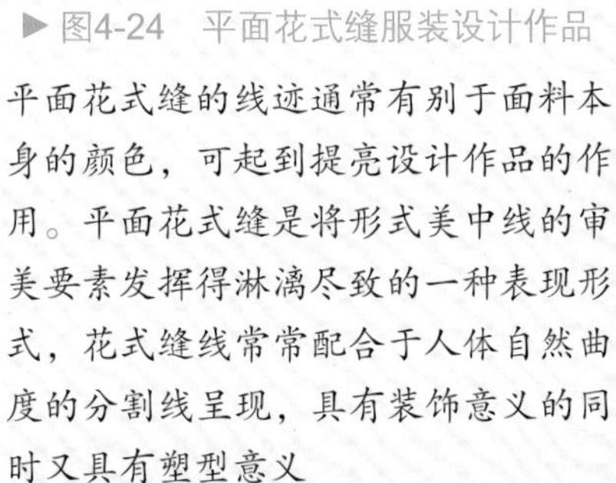

▶图4-24 平面花式缝服装设计作品

平面花式缝的线迹通常有别于面料本身的颜色，可起到提亮设计作品的作用。平面花式缝是将形式美中线的审美要素发挥得淋漓尽致的一种表现形式，花式缝线常常配合于人体自然曲度的分割线呈现，具有装饰意义的同时又具有塑型意义

◀图4-25 对褶缝、单向褶缝服装设计作品

褶缝具有鲜明的律动感，是节奏与韵律形式的综合体现。左图中对褶的应用类似于发散线性的设计，将中心的圆体突出，发散的裙摆映衬出纤细的腰部。右图的单向褶裙方向具有一致性，是韵律与秩序感的一种体现

（5）立体捏缝

立体捏缝是指在薄软的面料上以一定的间隔，从正面捏住缝纫，表现为立体的类似浮雕的花纹图案，其服装设计作品见图4-26。捏出的图形可以是直线，也可以是曲线，甚至可以是圆形，单纯的图形组合通过立体捏缝会使服装更具美感。

4.3.4 毡艺

羊毛具有一种天然的特性——遇水后收缩，在外力挤压下会粘结成非常结实厚重的毛毡。毡艺就是利用这种特性，通过辊碾或密集的针戳使羊毛呈现出不同的造型效果。传统的毛毡配以彩色的绣花，形成许多游牧民族独具特色的毡绣工艺。图4-27为毛毡服装设计作品。

4.3.5 编结

编结是绳结和编织的总称，主要采用各种线型纤维材料，如线绳、布条等，运用手工或使用工具，通过各种编织技法制作完成编织物品。

编结工艺强调的是丰富的结形、运用手工的技艺和对材料的灵活运用。编结艺术能形成半立体的表面形式，其织物的肌理、质感、色彩、图案等具有变化莫测的效果，是服装服饰和室内家具用品进行装饰的重要手段之一。编结服装设计作品见图4-28。

◀图4-26　立体捏缝服装设计作品

立体捏缝又称为立体布纹，是服装面料平面转化为立体效果最为快速的形式。立体布纹形式多样，主要依靠手缝完成。其中，版网是将布料经过缝合，形成弹性的形式。立体捏缝的艺术化效果较为明显，是装饰性较强的面料表现方式

◀图4-27　毛毡服装设计作品

毡是人类所知的最古老的织物，是一种将纤维去光、浓缩，然后压缩在一起，以形成面料结构的无纺布。因其充分的柔软与韧性，或者因为其牢固性特征而用于游牧民族服装设计作品中。因而，毛毡服装多以粗犷的廓型、简洁的线条为主，表现为浓郁的中亚风格，也是在纺织面料中极具生态环保性质的艺术表达方式

▶图4-28　编结服装设计作品

编结对面料起到装饰作用，点缀服装或改变服装风格，既有视觉美感效果，又有触觉肌理效果，搭配出或纯朴或神气的服饰艺术特色。此图编结饰物造型独特、寓意深刻，具有某种图腾意象的粗犷之美

4.4 服装材料艺术再造处理方法赏析

每一次新材料的开发和应用，都会引起服饰在结构和形式上的变迁，为服装设计带来新的内涵和艺术魅力。在设计中选择适当的材料并通过挖掘材质美和肌理美来传达服装个性精神是至关重要的。服装材料的选择往往决定着服装的命运，同样的款式和色彩因材质不同则显示出不一样的风格。譬如采用具有立体感的材料与采用富有光泽感的材料进行设计制作，即使款式和色彩一样，但其服装设计体现出来的整体性审美效果则迥然有别。所以，当今的服装设计大多先从材质入手，根据面料的质地、肌理、图形等特点来构思，在材料这个审美载体上完成服装作品设计。

4.4.1 破坏性重组

面料结构的破坏性重组又称面料结构的局部再造，它主要是通过剪切、撕扯、磨刮、镂空、抽纱、烧花、烂花、褪色、磨毛、水洗等加工方法，改变面料的结构特征，使原来的面料产生不完整性和不同程度的立体感。

（1）剪切

剪切可以使服装产生飘逸、舒展、通透的效果。剪切是指在皮、毛及一些机织面料上利用剪纸艺术处理成各种镂空的效果，包括手工剪切和机器切割两种。剪切服装设计作品见图4-29。

◀图4-29　剪切服装设计作品

剪切形成虚实相间的镂空形态，其特点为造型精致，图案精美，制作后的成衣尤显别致，产品档次相对较高

（2）撕扯

撕扯的手法使服装具有陈旧感、沧桑感。在完整的面料上经撕扯、劈凿等强力破坏留下具有各种裂痕的人工形态，造成一种残像。这种痕迹可部分保留和利用，以追求粗犷的效果。撕扯服装设计作品见图4-30。

（3）做旧

做旧是指利用水洗、沙洗、砂纸磨毛、染色以及利用试剂腐蚀等手段，使面料由新变旧的工艺方法。做旧分为手工做旧、机器做旧、整体做旧和局部做旧。做旧服装设计作品见图4-31。

◀图4-30　撕扯服装设计作品

撕扯是在面料或成衣上设计好撕扯效果的部位，然后利用所需工具进行剪、挑或撕等手工操作，再进行图案形状以及肌理效果的整理，直至设计者满意的效果。此作品的特点是操作方法比较简单，自主、随意意识较强，设计作品具有现代时尚感，我行我素，极具个性表现力

▲图4-31　做旧服装设计作品

做旧工艺常由于织物内部结构发生变化而导致其表面效果不同，从而更加符合创意主题与情境，增加服装面料的表现力及艺术个性

（4）抽纱

抽纱是指在原始纱线或织物的基础上，将织物的经纱或纬纱抽去而产生的具有新的构成形式、表现肌理以及审美情趣的特殊效果的表现形式。抽纱工艺技法繁多，主要有抽丝、雕镂、挖旁布等。抽纱时先在面料上确定抽纱位置，再根据设计效果进行经纬纱的取舍与整合，运用不同技法时，应予以相应的装饰来达到预期的视觉效果。抽纱服装设计作品见图4-32。

面料的破坏性设计相比面料的变形设计而言，在面料的选择上有更加严格的要求。以剪切手法来说，一般选择剪切后不易松散的面料，如皮革、呢料。对于纤维组织结构疏松

◀图4-32　抽纱服装设计作品

常见的抽纱手段为抽掉经线或纬线，将经线或纬线局部抽紧，部分更换经线或纬线，局部减少或增加经纬线密度，在抽掉纬线的边缘处做“拉毛”处理。抽纱方法会形成虚实相间的效果，极具动感之美

的面料，应尽量避免采用这种方法，如果采用，在边缘一定要对其进行防脱散的处理。

4.4.2 混搭再造

服装面料的混搭再造，也称多元组合，是指将两种或两种以上的面料相组合进行面料艺术效果再造。此方法能最大限度地利用面料，最能发挥设计者的创造力，因为不同质感、色彩和光泽的面料组合会产生单一面料无法达到的效果。混搭再造服装设计作品见图4-33。

服装面料的多元混合设计方法的前身是古代的拼凑技术，例如兴于中国明朝的水田衣（图4-34）就属于这种设计。

4.4.3 装饰贴花

装饰贴花是在现有面料的表面添加相同或不同的其他面料，从而改变面料原有的外观（图4-35）。常见的附加装饰的手法有贴、绣、粘、挂、吊等。

◀图4-33　混搭再造服装设计作品

混搭再造没有固定的规律，但十分强调色彩及不同品种面料的协调性。图中将具有波普意味的高纯度橘色图案拼加在深灰色的正装大衣上，提亮了服装设计作品的整体视觉形象。两种或更多的能带来不同艺术感受的面料进行组合设计，通常能够强有力地诠释设计师的设计理念

►图4-34　传统水田衣与现代水田衣设计作品

两者的共通之处都是将不同色彩、不同质感的大小面料进行巧妙拼缀，使面料之间形成拼、缝、叠、透、罩等多种关系，从而展现出新的艺术效果。水田衣强调多种色彩、图案和质感面料之间的拼接、拼缝的效果，给人以视觉上的混合、多变和离奇之感

◀图4-35 装饰贴花

装饰贴花是将一定面积的材料剪成形象的图案附着在衣物上。有的是用缝缀来固定，有的则是以特殊的黏合剂粘贴固定。贴花适合于表面面积稍大、较为整体的简洁形象，而且应尽量在用料的色彩、质感肌理、装饰纹样上与衣物形成对比，在其边缘还可做切齐或拉毛处理

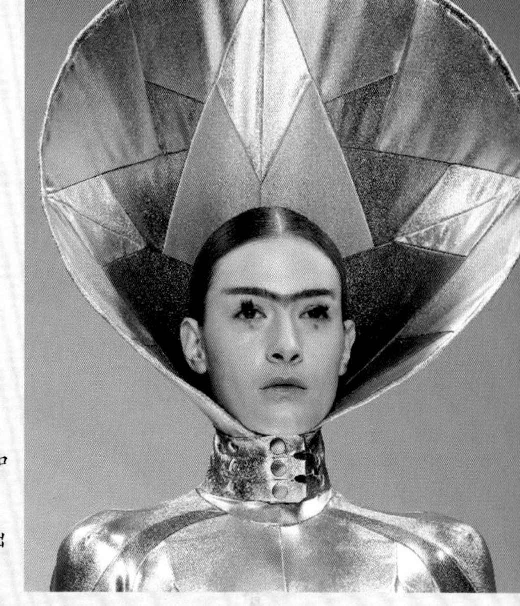

▶图4-36 金银粉印染服装设计作品

金银粉印染是指在印花浆中加入具有金银色泽的金属粉末（如铜锌合金、铝粉）着色剂的涂料印花方法。织物具有华丽感，有镶金嵌银的效果，其原理是特殊的化学制剂可使花纹呈现出特别亮丽的金银色，并且色泽持久不褪色

4.4.4 涂料印染

涂料印染是使用一种涂料，直接高温印制在面料上，后处理较为便捷。随着涂料染剂的发展，涂料印染品种十分丰富，能使图案产生不同的肌理效果。如荧光涂料、发泡涂料、亮片涂料、金属涂料等可以用于不同风格的服装面料的设计上。图4-36为金银粉印染服装设计作品。

服装材料的审美多在材料组合中强调视觉特征的质感对比及触觉特征的肌理造型变化，这是深入挖掘和扩展在视觉和触觉上对服装材料多重构成形式的探讨。不同于其他的艺术形式，服装材料的风格仍旧从属于服装设计风格的大范畴之下，从主体对客体的审美心理过程反应情况来看，其呈现形式偏重于视觉艺术形态的综合运用。因而，服装材料的风格特征在服装设计作品中的鉴赏涵盖三个方面，即对服装材料外观直观的艺术形象性的风格定位、心理感受定位和对服装设计作品综合呈现的服装材料艺术风格的定位。

本章小结

服装材料的变换组合改变了传统结构“依形而造”、依体型而设计服装的理念，塑造了“随形而变”、依照材料的性能进行人体廓型塑造的广阔空间。服装设计作品是服装材料成为构建人体理想形体设想物化的重要载体。服装材料的特性对于体现整个设计的重要性愈发显示出来。因而，服装材料本身成为服装设计师独特的设计语汇的重要表征之一。将材料融入更多的设计元素，可以极大地丰富服装设计的艺术表现空间，强化服装设计的艺术特质，使服装材料审美与设计具有更强的时代感和生命张力。

服装材料的审美是服装设计师在设计过程中对可视、可触的物质材料进行艺术甄别、鉴赏、创造和构思的一系列艺术活动的无声传递语汇。它代表着服装设计师的艺术理念的拓展与延伸的弦外之意，对于服装材料的设计手法的鉴赏不仅可以了解服装不易传递的设计形式，也是经典服装设计风格形成依托的重要体现。

第5章

经典服装设计要素——服装设计色彩的处理方式赏析

色彩、款式、面料是构成服装的三要素。色彩以最为直观的方式最先映入人们的眼帘，深深地影响了人们对服装的第一印象。因为色彩是靠视觉传递信息，当色彩现象对人的视神经产生刺激时，人们则会对色彩进行视觉判断与分类。色彩心理研究的结果表明，人对色彩的感受与相关色彩属性的对应有一定的规律性。因而，服装设计师们常常以不同形式的色彩组合方式影响着人们对服装风格的感知。

服装设计色彩语汇是鉴赏经典服装设计作品的重要部分，在色彩琳琅满目的服装设计作品中，鉴别出优秀作品，就必须充分了解服装设计色彩应用的技法，仔细揣摩经典服装设计作品中色彩的运用，以及色彩与款式、面料的巧妙结合，如何获取最佳的视觉效果。本章的要点是将色彩的科学基础理论和经典服装设计作品色彩构成方式有机地结合起来，分解服装设计作品中服装技术与艺术相互映衬的设计方式。

5.1 服装色彩视觉心理设计作品

服装色彩设计的视觉心理是指客观色彩引起人的主观心理反应。当色彩——即不同波长的光作用于人的视觉器官，在视网膜上产生刺激后，视锥细胞就把这种光的信息通过视觉神经传输到大脑，大脑经过思维得出结论，这种认识过程的产生与发展，在主体出现生理反应的同时引起情感、意志等一系列心理反应，这就是色彩的视觉心理过程。

服装色彩的视觉心理与色彩的视觉生理反应是交替进行的，它们之间既相互联系，又相互制约，当色彩刺激引起人们生理变化时，也一定会产生心理变化。

每种色彩都有自己独特的属性，当服装色彩在观察者的视神经产生刺激时，就会唤起人们的感觉经验。人对色彩的视觉判断并非是一种简单的纯客观记录，而是生理与心理主观审美和心理体验密切关联的活动过程。

5.1.1 色彩的冷暖感

色彩的冷暖感主要是色彩对视觉的作用而使人们对色彩所产生不同的温度感。色彩的冷暖感与色彩的光波长短有关，光波长的给人以温暖感受；而光波短则反之，为冷色。

在色相环中，橙色被认为是最暖色，而蓝色是最冷色，黄色与紫色属于中性色，黄色中性偏暖，紫色中性偏冷。在无彩色系中，相互的对比也会有微弱的冷暖感差异，白色是中性偏冷，黑色是中性偏暖，灰色是中性色，可根据灰色的深浅而呈现不同的冷暖倾向。在服装设计中，色彩的冷暖感常常可以呼应于服装设计作品的应用场合，与所处环境形成协调或反差的设计。图5-1为带有暖感与冷感的服装设计作品。

◀图5-1 带有暖感与冷感的服装设计作品

在色彩冷暖的应用上，色彩的冷暖属性常因服装的结构、面料的肌理产生变异，冷与暖的感觉会因色彩的配比方式呈现与本身属性相反的特质。在一定情况下，色彩的冷暖感又具有相对性，当多种色彩（两种及两种以上）相配时，较大面积应用的色调决定服装的整体基调。当同感色彩（同冷或同暖）相配时，较小面积应用的色调呈现出相反的特性。黄色属于暖色，当它与鲜红色相遇时，带有一丝冷感；同样紫色属于冷色，但当它与海蓝色相配时，具有一些暖意

5.1.2 色彩的兴奋与沉静感

色彩能带给人兴奋或沉静的感受，这种感受直接影响人们的情绪。兴奋的色彩能使人产生富有生命力的动感效应，它的产生促进人们产生积极的心理暗示，调动人们的情绪；沉静的色彩则有安宁之感，免去浮躁，给人以安静之感。图5-2为带有活泼感与沉静感的服装设计作品。

5.1.3 色彩的明快与忧郁感

色彩具有明快与忧郁的属性，明快的颜色使人心情舒畅，而忧郁的颜色则使人心情低沉。影响这种感觉的重要因素是色彩的明度和纯度，高明度、高纯度的鲜艳色彩具有明快感，而低明度、低纯度的灰暗浑浊之色则具有忧郁感。从色相中分，橘色、黄色属于明快色彩，而蓝色则属于最具忧郁感的颜色。图5-3为带有明快感与忧郁感的服装设计作品。

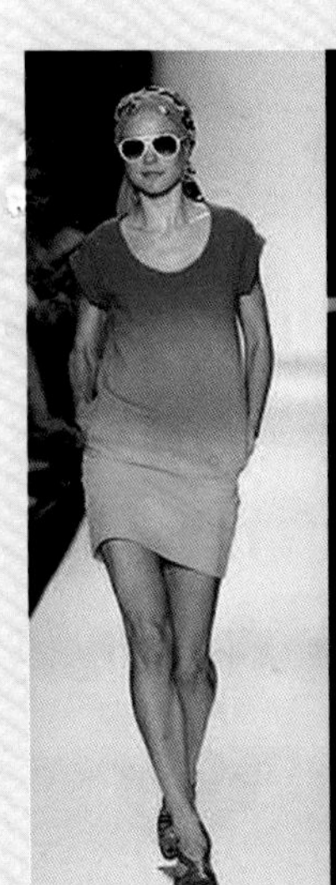

◀图5-2 带有活泼感与沉静感的服装设计作品

在服装设计作品中，设计风格的划分常常可通过色彩的搭配进行界定。选用兴奋色常常以动感为依托进行主题设计，而沉静色则以典雅为其表现形式

▶图5-3 带有明快感与忧郁感的服装设计作品

低明度基调的配色容易产生忧郁感，高明度基调的配色容易产生明快感。强对比色调具有明快感，弱对比色调具有忧郁感。无彩色中的白与其他纯色组合时感到活跃，而黑色是忧郁的，灰色是中性的

5.1.4 色彩的华丽与质朴感

华丽与质朴感常常通过材质进行体现，而色彩则是材质不可分割的属性，同样色彩的组合也会对华丽与质朴的外观感觉产生直接的影响。色相方面，按红、紫红、绿的顺序的颜色呈华丽感，按黄绿、黄、橙、青紫的顺序的颜色呈质朴感，其他呈中性。

纯度对色彩的华丽与质朴感影响最大，明度也有影响。总的说来，色彩丰富、鲜艳而明亮的颜色呈华丽感，低明度浑暗的颜色呈质朴感。此外，色彩的华丽、质朴感与色彩的对比度有很大关系。一般对比强的具华丽感，而对比弱的呈质朴感。就总体而言，即使是呈质朴感的色相，只要是高纯度的纯色，也给人以华丽的感觉。图5-4为带有华丽感与质朴感的服装设计作品。

▲ 图5-4 带有华丽感与质朴感的服装设计作品

色彩的华丽与质朴离不开所依托的材质，面料的肌理与图案效果常常也是导致色彩华丽与质朴感的重要途径，如闪光面料常常具有华丽之感，而亚光、粗糙的面料则具有质朴感

5.1.5 色彩的轻重感

同样的物体会因色彩的不同而有轻重的感觉，这种与实际重量不符的视觉效果称为色彩的轻重感。在服装设计中，轻重感色彩的选用常常对人体的体型产生潜移默化的修饰效果。图5-5为轻感与重感颜色服装设计作品。

5.1.6 色彩的软硬感

在同样的质地情况下，色彩的不同会产生不同的软硬感。产生色彩软硬感的并非是色相，而是色彩的明度，明亮色即使不太鲜明也呈软感，而低明度色不论鲜明与否都呈硬感。此外，色彩的软硬感也与纯度有关，中纯度的颜色呈软感，高纯度和低纯度色呈硬感。图5-6为柔软与坚硬颜色服装设计作品。

◀图5-5　轻感与重感颜色服装设计作品

色彩的轻重感主要来自色彩的明度。明度高的色彩使人有轻薄感，明度低的色彩则有厚重感。在所有的色彩中，无彩色系中的白色给人感觉最轻，而黑色则在所有的颜色中让人感觉最重

►图5-6　柔软与坚硬颜色服装设计作品

服装设计作品常常利用色彩的软硬感保持与人体的关系从而进行亲肤的设计。休闲类服装常用软感色彩设计，而职业装、制服的设计则常选用具有间离感的坚硬色彩设计

5.1.7 色彩的进退感

由于人眼在自动调节时灵敏度有限，对微小光波差异无法正确调节，所以视网膜成像有前后现象。各种波长的色彩在视网膜上成像出现色彩的进退感，光波长的，如红色在视网膜上形成内侧映射，有前进感；而光波短，如蓝色在视网膜上形成外侧映射，有后退感。

从色相角度而言，暖色是前进色，冷色是后退色。从明度角度而言，明度高的颜色靠前，明度低的颜色后退。从纯度角度而言，纯度高的色彩靠前，纯度低的色彩后退。此外，有彩色有前进感，无彩色有后退感。图5-7为前进感与后退感颜色服装设计作品。

5.1.8 色彩的收缩与膨胀感

色彩的膨胀和收缩与色调有关，暖色调属于膨胀色，冷色调属于收缩色。同样形状面积的两种色彩，如分属于暖色和冷色，则呈现出膨胀与收缩的不同特征。此外色彩的膨胀和收缩与明度也有关，同样形状面积的两种色彩，明度越高越膨胀，明度越低越收缩。图5-8为膨胀感与收缩感颜色服装设计作品。

▼图5-7　前进感与后退感颜色服装设计作品

服装色彩设计常常用色彩的进退感突出形体，强化设计点的呈现，用色彩的进退做前倾或隐没的设计

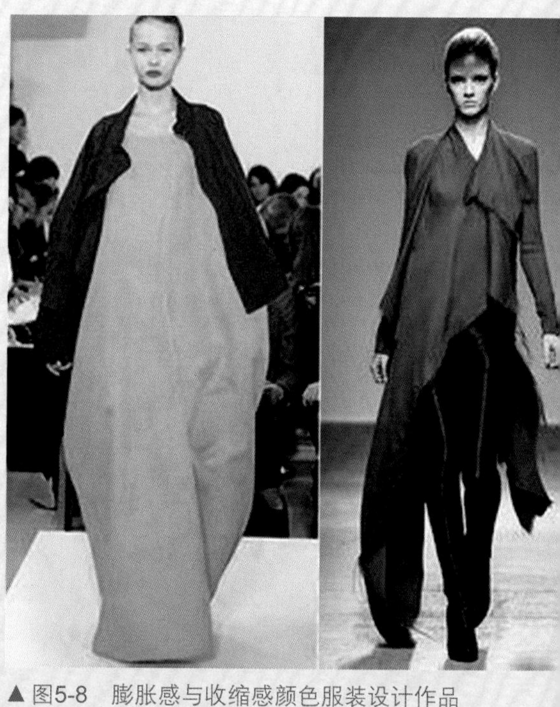

▲图5-8　膨胀感与收缩感颜色服装设计作品

色彩的收缩与膨胀也是服装结构形式的重要依托。同样的服装款式，不同的色彩应用产生不同的视觉效果，暖色具有的膨胀感和冷色具有的收缩感在服装设计的外部效果所产生的差异显而易见

5.2 基础色彩服装设计作品鉴赏

罗丹在《艺术论》中说："色彩的总体要表明一种意义，没有这种意义就一无是处。"单纯的色彩除了给人以生理反应和影响心理外，并不能引起感情的共鸣，色彩只有与具体的形象、物体和环境联系在一起时，才会使人有联想的感受。研究服装色彩除了研究色彩本身的规律性外，更应关注色彩给人的心理联想，虽然各国政治、经济、文化、历史、宗教习俗不同，对于色彩的心理反应有所差别，但是对于色彩的理解却有着共同的倾向，这种共同的倾向也可以理解为色彩的象征性。

当色彩与联想内容达到共性反应，并通过文化的传承而形成固定的观念时，就具备了象征意义。色彩的象征内容并不是人们主观臆造的产物，而是人们在长期认识和应用色彩过程中总结形成的一种观念，并且依据正常的视觉和普通常识，慢慢形成一种约定俗成的共识。本小节将对服装中主要使用的基本色对观赏者所产生的象征与感受作为主要分析。

5.2.1 红色

红色是三原色之一，在所有颜色中红色是人们最早认识和命名的颜色，孕育着激情。从物理学角度而言，红色是可见光谱中光波最长、振动频率最低的色彩。

不同红色倾向，外观感觉也不同。橘红色奔放、热烈；紫红色高雅、高贵；深红色深邃、沉着；酒红色开朗、炽热；玫瑰红色浪漫、华丽；桃红色既鲜艳又端庄，充满了活力和魅惑情调。

红色服装设计作品见图5-9。

◀图5-9 红色服装设计作品

红色代表着阳光，意味着温暖。红色给人视觉以扩张感，能加速血液循环，给人以力量，所以红色象征着生命或革命。红色是兴奋、温暖的色彩，是火的象征，意味着热烈激情，代表着炽热的情感

5.2.2 粉红色

粉红色是弱化的红色，具有独特的性格。粉红色带有明显的阴柔之气，在西方文化中占据重要地位，常用于正规礼服设计。粉红色是最典型的女性色彩，充满了想象力。粉红色象征着幼小生命，意味着纯真、年轻、愉快，女幼童服装广泛采用了粉红色。粉红色最具浪漫气质，所以成为婚纱礼服的用色首选。

粉红色服装设计作品见图5-10。

5.2.3 橙色

橙色的波长仅次于红色，带有长波长的特征。橙色带有感情色彩，鲜艳的橙色能激发人的情绪，令人赏心悦目，并给人脉搏加快、温度升高的感受。橙色是繁荣与骄傲的象征，带有繁华、甜蜜、快乐、智慧、光辉的含义，给人以活力四射和力量的感觉。橙色是暖色系中最温暖的色彩，能使人联想到金色的秋天和丰硕的果实。

橙色服装设计作品见图5-11。

▲图5-10 粉红色服装设计作品

粉红色与安静、温柔、柔和、轻盈联系在一起，感觉甜滋滋、软绵绵的，粉红色常常用于年轻女性服装的设计之中

▲图5-11 橙色服装设计作品

橙色用于男性服装设计作品中，带给人们一种活力四射的阳光感，可以迅速地提升亲切度。除此之外，在暖色中，橙色具有相当的力量感，这与男性推崇的阳刚之美相契合，是强有力的设计表达色彩

5.2.4 黄色

黄色在色彩中最明亮、质感最轻，有着太阳的光辉，象征着照亮黑暗的智慧之光，带有希望、积极、乐观向上的含义。黄色的明度比较高，是所有色彩中反光最强的，它比红色更加醒目，黄色在黑色地面下具有最佳远距离效果，具有较强的辨识度。鲜艳的黄色有激励情绪、增强活力的作用。土黄色具有泥土味，是大地之色。金黄色是成熟的色彩，秋天的树叶、果实均是这种颜色。

黄色服装设计作品见图5-12。

5.2.5 绿色

与其他混合色不同，绿色最具独立性，它不易使人联想起它的起源黄色和蓝色。绿色性格温和，被认为是一种中性色彩。绿色令人联想到植物色，从诞生、发育、成长、衰老直至死亡，整个过程伴随着绿色变化。绿色是大地赐予的色彩，所以接近大自然。绿色预示着春天来临、万物复苏，所以它与生命联系在一起。

绿色服装设计作品见图5-13。

▲图5-12　黄色服装设计作品

不同黄色外观感觉也不同：土黄色厚实、老练；柠檬黄明度、纯度均较高，具有视觉冲击力；黄褐色明度、纯度明显偏低，显得深沉、冷静

▼图5-13　绿色服装设计作品

不同的绿色倾向外观感觉也不同：橄榄绿具有深远、智慧的性质；青草绿、淡绿、嫩绿象征着青春和生命，充满了希望和活力；墨绿、灰绿、褐绿显得老练、稳重、成熟；粉绿细腻新鲜；翠绿鲜艳夺目

5.2.6 紫色

紫色在可见光中波长最短，是红色和蓝色的混合色，属于中性色彩，对视觉器官的刺激也较为一般。历史上由于提炼工艺复杂，紫色被认为是最珍贵的色彩，为贵族阶层专用。紫色代表着时尚、奇特、与众不同的感觉。由于少见，紫色甚至作为比红色更引人注目的色彩。紫色融入了感性与智慧、情感与理智、热爱与放弃，充满着矛盾，体现出一定的犹豫不决之感。

紫色服装设计作品见图5-14。

▲图5-14　紫色服装设计作品

不同的紫色倾向外观感觉也不同：紫红色带有红色成分，鲜艳欲滴，独具青春活力；紫罗兰显得高傲，给人以孤芳自赏的印象；蓝紫色更多的是深沉、冷静的感觉

5.2.7 蓝色

蓝色是色谱中最冷的颜色，是蓝天的再现，是宇宙的颜色，代表着遥远和寒冷，所以具有扩张感。蓝色是大多数人喜爱的颜色，具有深远、自信、稳重、踏实的性格。蓝色具有男性的特征——冷静、理智，给人以安全感，所以蓝色是沉着、忠诚的象征。

蓝色服装设计作品见图5-15。

▲图5-15　蓝色服装设计作品

蓝色蕴藏着粗犷和淳朴，是具有中性特点的服装色彩。明度较低的蓝色具备了一些黑色的特性，蓝色服装具有沉静之感，是高贵典雅的礼服与职业装设计常用的服装色彩

5.3 服装色彩设计的审美原则与设计作品赏析

服装色彩设计是多种因素的组成和相互协调的过程，同时遵循着一定的规律。关于什么色彩是美的，历来有许多说法，柏拉图曾说“美是从韵律的均匀中产生的”，哈代德定

律定义“美是五官知觉形式上诸关系的统一”。由此可见，形式美法则是蕴含在服装色彩设计中的一个普遍规律。

服装色彩设计有别于色彩设计，它所指的不仅是服装的颜色，而是服装色彩与在目标环境光源下，配合服装结构、工艺以及面料肌理处理的综合体现。它是通过服装设计语汇的综合元素打造服装视觉印象品质。服装色彩设计是设计师与消费者产生情感共鸣和对色彩渲染象征意义的理解。

5.3.1 服装色彩比例设计

服装色彩比例是指服装各个部位之间的一定数量比值，是服装各个部分彼此之间的匀称性、对比性、和谐性的一种表现。服装色彩比例涉及配色的比重、长短、宽窄等因素。在造型中则是各部位之间、局部与整体的数量关系，其具体的表现形式为长度或面积的比例关系。

不同配比比例的服装设计作品见图5-16。

5.3.2 服装色彩平衡设计

平衡是来自力学上的名词，从状态上分构成平衡有四种形式：等形等量平衡、不等形等量平衡、等形不等量平衡、不等形不等量平衡。这四种平衡形式可划分为两类：对称平

◀图5-16 不同配比比例的服装设计作品

色彩配比是服装色彩设计的一个主要法则，通过调整色彩之间的比例关系，服装的整体外观效果也随之改变。服装色彩的比例，是随形态和配置而产生的，也就是说，服装配色组织中各种色彩的形状、面积及位置、空间等相互关系的比例关系。服装色彩设计所采用的比例归纳起来有三种：黄金比例、数列比例和反差比例。在进行服装配色时，无论采取哪一种比例，其实质都是一定的面积比或一定的数列关系

衡与非对称平衡。服装色彩平衡设计原理等同于力学原理，它强调的是色彩匹配后的感觉给人带来视觉上的平稳、安定，即色彩分割布局上的合理性和匀称性。虽然这是一个物理法则，但它同样适用于服装色彩设计。

服装色彩平衡设计是指服装色彩设计的平衡原理，是一种手法常用的配色形式，通过色彩面积的分布，不同色相、明度、纯度变化产生一种视觉上的平衡效果。在进行服装设计时，由于这一系列基本因素的关系变化，必然会导致由于色彩的配比不同而形成的不同效果的服装设计。

对称与非对称色彩的服装设计作品见图5-17。

5.3.3 服装色彩节奏设计

节奏也称旋律，它的概念来自音乐，是指乐曲中音节之间交替出现的有规律的强弱、长短及间隔现象。服装色彩节奏设计是通过色彩的色相、明度、纯度、形状、位置等方面的变化和反复，表现出有一定规律性、重复性和方向性的运动感。服装色彩设计的各大元素（形状、面积大小、位置等）都可以被运用于色彩节奏原理中。

服装色彩节奏设计作品见图5-18。

▲图5-17　对称与非对称色彩的服装设计作品

服装一般做成左右对称的款式，对称平衡的色彩的强弱、轻重能在视觉上取得绝对均衡感。对称均衡往往表现出庄重、大方和平稳的安定感。非对称平衡服装色彩设计是指服装左右两边的色彩设计构成元素呈现不完全等同状态，但由于色彩的强弱、轻重等关系，表现出相对稳定的视感觉，其状态称为非对称平衡。它能产生不同寻常的变化效果，配色效果活泼、富有动感

▼图5-18　服装色彩节奏设计作品

服装色彩的节奏有其不同的性格，不同性格的节奏表现出不同的色彩气氛，不同强度的色彩表现出不同速度的运动感，因此，色彩的节奏是服装整体美的重要组成部分。服装色彩节奏设计常常具有以下特征：从类别上看，服装设计的色彩通常不低于3～4个能形成连续节奏变化的色彩设计元素，其数量的增加常常可以加强色彩节奏的表现力。从形式上看，色彩元素相互交替，有规律地出现，方式是重复、渐变、交替；从造型上看，色彩节奏的视觉效果很大程度上取决于形成色彩节奏的元素所产生的造型特征

5.3.4 服装色彩强调设计

服装色彩强调设计，就是在服装配色中设置突出的色彩，即强调色调中的某个部分。以此突出某部位的色彩效果，起到吸引人们视线和兴趣的作用。在配色的过程中，选择某个颜色加以重点表现，从而使整体色调产生主次感。重点色不仅吸引观众的视觉注意力，而且形成注意中心。服装色彩强调设计运用的目的是打破整体色彩单调乏味的感觉，使整款色彩设计产生跳跃感并富有活力，起到调和的作用。

服装色彩强调设计常常具有以下特征：其一，强调的颜色明度和纯度高于辅助色，且重点色的面积不大，用辅助色烘托主体是经典服装设计作品通常使用的方法；其二，作为服装设计作品强调的色彩，常常选择与整体色调相对比的调和色，以达到既对立又统一的目的；其三，强调色与整体配色的平衡统一，避免出现重点色的孤立状态而带来的不和谐配色。

服装色彩强调设计作品见图5-19。

5.3.5 服装色彩呼应设计

呼应也称关联，在服装配色中，呼应是使服装色彩获得统一、协调美感的常用方法。

▲图5-19 服装色彩强调设计作品

服装色彩强调设计一般选取一种颜色做主打，强调过多的颜色容易分散人的注意力，造成无中心、无秩序的状态。左图明显地以橙色为主打，而右图为粉色主打。所谓色彩的主次是指服装各要素在色彩上相互之间的关系，具体体现在服装中各个组成部件之间的主从地位上。通常服装设计作品会突出表现一个设计要点，而其他颜色的弱化是为了烘托主体，色彩和色彩之间负担着不同的角色，主色与辅色相得益彰在服装设计作品中，服装各色彩之间并不是简单、孤立的存在，而是在色彩的色调、明度、纯度上带有某种关联性，它需要同一或同类色彩彼此之间的相互呼应。

服装色彩呼应设计作品见图5-20。

▲图5-20　服装色彩呼应设计作品

呼应使处于不同空间、不同位置的色彩产生相互对照的势态，保持色彩间的相互关联性，避免孤立的色彩出现，使服装配色获得相互联系、整体统一的良好效果。图中作品的基础色调不断地在上装与下装中得到深化，它具体的表现形式为同一色彩在服装不同部位反复出现，以此产生互为照应的关系

5.4 服装设计色彩搭配的表现方式赏析

服装设计作品的外观感受最先来自对色彩搭配的感受，配色的风格化常常作为服装经典设计作品的重要标识之一。它以其无可替代的性质和特性，结合着服装的面料与款式，

传达着不同的色彩设计语言，释放着不同的色彩情感。

诚然，服装设计色彩搭配是一种创造性的审美活动，任何一种色彩，在不同的组合方式下，呈现出千姿百态的色彩属性。在经典服装设计作品中，有的是强化色彩本身的自然属性，有的是在配比中变异了的新特性的呈现，而有的则呈现完全相反的新视觉感受。纵观经典服装设计作品，色彩的呈现往往是丰富而又多元的，它在视觉设计中呈现出丰富性与层次感。色彩常常具有多重属性，它深刻而含蓄地体现出设计师对服装的定位与诠释，色彩以多元、丰富的内涵起着传情达意的交流作用。本节重点阐述经典服装设计作品中，色彩搭配所遵循的一般规律和综合运用的形式分解。

5.4.1 单色配色

单色配色是使用一种颜色作为服装配色的方法。单色配色可以强化色彩本身的属性，在整体上，单色配色可以提高服装设计的整体性，表现出鲜明的服装风格特征，服装的色彩与款式契合度高。单色配色服装设计通常以两种形式体现，一种是同色同质，多用于套装设计，另外一种是选用不同材质与肌理的面料进行同色的组合，体现出服装的层次感。纯色、单色服装设计作品如图5-21所示。

5.4.2 双色配色

（1）明度配色

以明度为主的色彩搭配指的是以色彩的明暗关系作为双色配色的方法，体现出或色调

◀图5-21 纯色、单色服装设计作品

单色配色的服装多以色彩作为设计语言，色彩给人们所带来的情感特征常常影响人们对于服装风格的感受。所以在服装设计中，设计师们常常利用色彩对人们产生的心理做相应的款式设计，在单色配色的服装作品中，服装的色彩对人们产生的冲击力大于服装款式。通常单色配色分为无彩色（黑、白、灰系列）和有彩色（红色系列、黄色系列、绿色系列、蓝色系列、紫色系列）等

一致或深浅对比的视觉效果。在双色构成的服装色彩中，由于色彩形成的明度对比，亮色更亮，给人以轻感、软感；暗色更暗，给人以重感、硬感、强感、忧郁感。

明度配色在服装设计作品中的效果常与人的心理联想产生不同的感觉。各种知觉引起的感情因素和色彩的统一性、连续性，构成了色调的类似性或对比性，统一性和连续性的因素与其他要素的对比又形成了色调的节奏感。图5-22为双色明度配色服装设计作品。

▲图5-22　双色明度配色服装设计作品

在双色服装色彩的构成中，由秩序的连续间隔而产生的中明度对比配色是至关重要的，这种对比使服装产生极为明快的色彩效果；反之，只有色相节奏或纯度节奏时，服装的色彩效果显得模糊不清而难以识别。一般而言，静的感觉体现在明度差小的色彩配置上，动的感觉体现在明度差大的配置上，适用于春夏服装及运动服装，设计休现前卫和运动效果

（2）色相配色

以色相来划分冷暖关系是由人们的心理作用引起的。当冷暖两色构成对比时，产生了冷暖的倾向，构成了冷暖对比色调，或冷色调，或暖色调。如红色与蓝色对比构成的服装色彩，红的更红、更暖，蓝的更蓝、更冷，形成了对比色相的对比调和。又如以黄色和红色构成的服装色彩，由于同时对比而形成冷色向暖色移动的效果。红色与黄色对比时，黄色向红色靠拢，形成橙色感觉，构成暖色调。而黄色与蓝色对比时，蓝色向黄色移动，形成冷暖对比色调。

以色相为主的色彩搭配是以色相环上的角度差为依据的色彩组合，体现出的视觉效果和谐或刺激。

① 相似色相配色　相似色相是指色相环上呈30°～60°范围的两种色彩，色彩相距较近。使用相似色相进行配色，有甜美、浪漫的感觉，是初春服装的流行色彩。其服装设计作品如图5-23所示。

◀图5-23 相似色相服装设计作品

由于色相之间处于一定的临近关系，色彩性情体现较明确，所以搭配色彩既不类似又无强烈的差异性，显得较为暧昧。同时相近色彩之间有一定的纽带联系，在搭配时能产生一定的协调美感，如红色与黄色这对中差色组，都带有橘色的基因，在服装的配色中，产生一种协调之感。

② 对比色相配色 对比色相是指色相环上呈105°～180°范围的两种色彩，色彩相距较远。由于色彩相处关系对比，色彩在整体中分别显示个体力量，色彩之间基本无共同语言，虽呈较强的对立倾向，因此，色彩有较强的冷暖感、膨胀感、前进感或收缩感。过于强烈的对比，易产生炫目效果，例如橙与紫、黄与蓝、绿与橘等。其服装设计作品如图5-24所示。

◀图5-24 对比色相服装设计作品

对比色相较能体现色彩的差异性，能使不起眼的色彩顿显生机。如图，具有忧郁倾向的蓝色与黄色对比时，由于黄色跳跃和动感的衬托，蓝色也显得活泼些。两个对比色相构成的服装色彩中，由于色的轻重感而形成的冷暖色相对比效果，具有生动活泼的特点。如大红与蓝色构成的服装色彩中，红色有暖感、动感，而蓝色有冷感、静感，使服装产生了跃动的节奏

③ 中性色相配色　中性色相没有明显的冷暖倾向，具有严谨、端庄的特点，是服装配色的重要色彩。例如由紫色套装和金黄色头发组成对比色调，与白色帽子形成明度强对比，又以粉绿色的纽扣作为点缀，充分表现了中性色相独特的高贵、典雅。其服装设计作品见图5-25。

（3）纯度配色

以色彩纯度变化为主的鲜色调、含灰色调、灰色调的服装色彩组合形式，具有柔和、庄重、甜美的特点。配色方法和明度配色相类似，可混入浅灰色调和，混入黑色调和，插入对比色调和。

纯度配色服装设计作品见图5-26。

◀图5-25　中性色相服装设计作品

中性色（黑白灰和金银）是服装设计作品中的常青色，它们形式多样，既可以表现传统服装的高贵，也可以将设计师的创意进行淋漓尽致地诠释。由于色彩的单纯性，服装的重点常常锁定在结构设计上

▶图5-26　纯度配色服装设计作品

以纯色为主的强对比色彩搭配尤其能产生色彩的冲撞感。大面积的颜色给人以热烈欢快的感觉，适合运动风格和青春活泼风格服装的设计

5.4.3 多色配色

在多色配色中，首先要确定主色与过渡色的关系，也称“固”与“流”的关系。“固”是指大面积单色的冷抽象状态，各色之间联系少，各自固守一方，显示出一种凝固的感觉。“流”是指以点、线、面的热抽象状态，显示出一种流动的感觉。

“固”与“流”是一对矛盾关系形态。由于多色的配色是采用简化构成的技法定色、定调，其实质就是采用“固”与“流”的方法定色、定调。当采用以“流”为主的手法时，产生了动的意境，使服装具有节奏感，产生活泼、富丽的格调。当采用以“固”为主的手法时，产生了静的意境，使服装具有稳定的格调。当采用“固”与“流”相结合的手法时，使过于“流”的色彩组合适当地凝固起来，使过于“固”的色彩组合适当地流动起来，效果既统一又有变化，从而形成多色配色的各种节奏对比调子和技法，格调独特。

（1）换色法

服装色彩是有感情、有联系的相互构成某种调子的色组，以特定的色彩秩序的组合，再现色彩的抽象形态。服装色彩的换色是指定形、定位而不定色的配置方法，也称换调。

换色法服装设计作品见图5-27。

▶ 图5-27　换色法服装设计作品

有彩色和无彩色的组合方法中，包含着两色、三色的转换，即有彩色和无彩色的面积、位置的转换。无彩色起到了统一性的印象和联系，使互相对比的色彩有了相互联系的因素，使配色效果既统一又艳丽，既稳重又活泼

（2）分割与包围法

多色配色中，在相互对比的亮色之间插入第三色，改变其色调的节奏，或者当两个大面积色块明度、纯度极相似时，可以插入另一种色进行调节。第三色可以是色条、色线的形式。

第三色通常采用白色、黑色包围强烈反差色，或分割强烈反差色。有时采用金色、银色、各种有彩色充当第三色。使用有彩色时，注意强调明度的对比变化。色相强调补色关系，纯度强调高饱和度的色彩。

分割与包围法服装设计作品见图5-28。

▲图5-28　分割与包围法服装设计作品

可清晰地通过第三色分割或包围的形式，使高调子变为中间调子；使中间调子变为弱调子或强调子；使弱调子变为中间调子或强调子

（3）透叠法

非发光体的物体除了给人以色彩感觉外，还因透光给人以色彩感觉。透明的衣料叠置时，会产生新的色彩感觉。如品红叠柠檬黄时产生接近于大红的色彩感觉；柠檬黄叠蓝绿时产生近于翠绿色的色彩感觉；蓝绿叠品红时产生近于青莲或紫红的色彩感觉。

两色叠出的色彩相貌大体相当于两色的中间形态，纯度下降。双方色差越大，纯度下降越多，但完全相同的色相叠置时，纯度则提高。透明衣料重叠一次，透明度也下降，低于原来的透光度，所以明度下降是必然的。当补色相叠时，明度下降更为明显。

透叠法服装设计作品赏析见图5-29。

▲图5-29　透叠法服装设计作品

透明衣料重叠时，必定分底、面，离视觉远的为底，离视觉近的为面。由于衣料的透明叠出的色近于面的色，面色的透明度越差，这种倾向越明显。透叠的色彩弱化色彩本身的观感，通过色彩之间的混合呈现出丰富的色彩效果

本章小结

服装色彩设计既是一种服装设计的方式和角度，同时也隐含着设计规律，它不仅仅是对各个色彩的搭配组合，而且还通过服装的配色从而达到一种服装设计的综合美。服装色彩随着社会的不断发展和文化的日益积累而拥有丰富的层次和内涵。色彩不再是一种纯物质性的介质，而成为设计师与观者的桥梁，是将设计语言无声传递的方式。

服装是色彩设计之前的定语，它规定了色彩使用在服装这个应用学科里，这就表明，服装色彩设计不是单靠个人主观的感觉来解决问题的，而是要有明确的目的且与相邻的领域相协调。延伸到服装领域的设计问题，就是以针对性的特定对象和群体为目标，通过对服装款式、材料、色彩的选择与相关领域相协调，来满足针对服务目的的穿着需求，这也是经典服装设计作品核心之所在。

第6章

服装设计大师作品综合赏析

将服装发展史与人文艺术思潮加以比照，我们会发现服装与很多艺术流派存在密切的映射关系。服装艺术遵守、服从于普遍艺术设计规律。它的艺术性存在方式界定为实用艺术。与其他艺术门类相比，服装设计更贴近、服务于人体，它是将服装艺术作为载体，体现人们对于现实生活和精神世界的反映。服装设计大师借用人文艺术流派为载体，诠释对艺术理念的理解，而通用的艺术语言可使人们在面对琳琅满目的服装品类时能够分类解读。部分的流行现象也以具体的人文思潮而命名，它常常是提取某种典型元素，然后以丰富、多样的形式进行呈现。

6.1 古典主义风格服装大师作品赏析

古典主义一词源于拉丁文，最早出现于文艺复兴时期。瓦迪斯瓦夫·塔塔尔凯维奇（Wladyslaw Taterkiewicz）在《西方六大美学观念史》中对古典一词的解释："包含和谐、节制、平衡、沉静等要素，表现出高贵的单纯和静穆的伟大的风格"。这从审美的角度揭示了古典风格的设计要求，转换为服装语言后，即应包含合理、单纯、适度、制约、明确、简洁和平衡等设计要素。

古典主义最本质的意义是指对古希腊和古罗马文学、艺术和建筑学的倾慕和模仿。通常意味着简洁、高雅、对称和对传统形式的关注，它强调理性与节制，追求形式上的单纯性和清晰性，具有一种融平静和力量于一体的均衡美。从历史发展的角度来看，古典服装的设计历经了古希腊、古罗马的形成期，新古典主义的完善期和现代复兴期三个阶段。

其中，形成期的古典风格是最为完整和纯粹的，它最早起源于古希腊时期，成熟于古罗马时期。其特点为崇尚节制与和谐理念，服装表现为简洁和单纯，注重比例关系。古典主义风格服装反对繁杂的装饰，重视服装形式的美好，关注传统形式，遵守合理、单纯、适度、制约、明确、简洁和平衡等基本规律。造型以人体自然形态为基础，简单、朴素、结构对称，遵循经典的比例法则。面料质朴，色彩单纯，图案简单。这一时期，古典服装以希顿（Chiton）款式为代表，见图6-1所示。

◀图6-1　多利安式希顿与爱奥尼式希顿

希顿款式属于男女同服，以一块布的形式居多，裁剪很少，以自然的低饱和度色彩居多，服装上没有太多的装饰性部件，表现出前所未有的简洁与单纯，服装的功能性大于象征性，象征性大于装饰性。多利安式希顿是最早的假两件式，由一块布折叠，形成两件式外观，呈现上短下长的视觉效果，人体比例得到优化。爱奥尼式希顿选择轻薄的亚麻布，两短边对折，侧缝处留出伸手的一段后其余部分缝合成筒状，两肩到两臂用多个别针分段固定，腰间系带。希顿古典艺术的和谐则是通过各个元素有条不紊地安排，营造出层次感和整体感，从而展现秩序、匀称与明确之美

19世纪初兴起的新古典主义服装（图6-2）是古典主义服装的完善期，它秉承了古希腊、古罗马时期服装对于宁静和秩序的追求。同时，在这段时期受到启蒙运动的影响，为了与理性时代相适应，与英国的自然主义相呼应，服装中采纳了古典形式的同时，重新建立了具有时代特征的理性和秩序共存的新样式。

现代古典主义风格服装的复兴，是指设计师对古典的应用从时代特色转化为以设计师个人为中心。它是以古典的某一特质的形式出现在服装中，表现出不完整、不纯粹的古典特征，如上小下大、高腰线位置成为代表性设计点；另一部分由其他新的设计元素组成。20世纪30年代后，伴随着设计师市场的发展，古典风格的设计表现得更加接近当代服装的款式。

▲ 图6-2　19世纪新古典主义风格服装

新古典主义风格服装造型极为简练、朴素，主要是一种用白色细棉布制作的宽松的衬裙式连衣裙。由于面料轻薄，这一时期的新古典主义风格服装又被称为薄衣，该时期又被称为薄衣时代。胸部褶裥的装饰变化成为主要的设计特点而加以运用，显示出对于自然与淡雅的古典情怀的追求

6.1.1 麦德林·维奥涅特（Madeleine Vionnet）

Madeleine Vionnet是20世纪20年代最杰出的时装设计师之一，有“裁缝师里的建筑师”“斜裁女王”的称号。她的设计强调女性自然身体曲线，反对紧身衣等填充、雕塑女性身体轮廓的方式，倡导表现女性身体的自然美，这种以人为本的精神与古希腊时期的古典审美不谋而合，其设计作品为表现具有古典内涵的褶裥的悬垂性设计提供了新思路。

Madeleine Vionnet的斜裁法摒弃传统的直布纹剪裁，主要以45°对角裁剪布料，以便发掘布料的伸缩性与柔韧性，使面料最大限度地发挥其适合人体的悬垂感。使用此方式剪裁的服装不仅能够贴合、包裹身形，同时又能给予身体足够的活动空间，也因为斜向剪裁改变了布料垂坠的方式，因而获得更流畅的衣型轮廓。如图6-3所示。

她的设计通常保留面料的矩形（或基于矩形的几何形）外观，在此基础上稍作裁剪，不刻意模仿人体，尽可能保证面料的完整性。通过结构拼接形成90°夹角，便于控制斜裁

▲图6-3 手帕裙（Handkerchief Dress）

手帕裙无论从形态外观亦或裁剪方式，都散发着古典的特质。它是由四片矩形（接近正方形）布料层叠而成，布料形态保持高度的完整。利用布纹的斜纱向增加服装的垂坠感，布料倾斜、部分重叠后，在上方肩两侧固定，然后搭配上腰带，让腰部有细密的褶份，下摆呈现优美的自然垂坠。这款带有古希腊风格的优雅礼服，也是西方设计师基于极简节约思想、零浪费服装结构设计的典型范例

▲图6-4 Madeleine Vionnet V型领礼服裙

这款礼服裙中含有两个Madeleine Vionnet最为常用的设计元素。一是领型及腋下的垂荡，尽管领型呈V型，但领线却依照经纱裁剪，由此可以推断裁片应为矩形，剩余部分直接垂挂在腋下。二是胸腰处的三角形分割线，此处分割线夹角为90°。这款作品有效利用经纱和纬纱不易变形的特性

状态下两条接缝的纱向，锻造成贴服身体的曲线造型，形成Madeleine Vionnet一心所向的独特的古典主义风骨。如图6-4所示。

Madeleine Vionnet还善于巧妙地运用面料斜纹中的弹拉力进行斜向的交叉与扭转裁剪，形成细密的褶裥，犹如古希腊古典雕塑风格的再现。交叉与扭转设计可以代替塑型设计中的省道，特别是用在胸部时兼顾功能与审美需要，同时减少面料裁剪，避免面料浪费。同时在正面和背面都展现丰富的皱褶，增强服装的装饰效果，如图6-5所示，既贴合了20世纪30年代对于流线型风格与现代主义风格的追求，又以高超的技术再现了古典主义情结所蕴含的朴素而华丽的设计理念。

Madeleine Vionnet由于采用斜裁的方法，通过面料斜纹的张力，使服装可以轻易地穿上脱下，因而其服装不需像常规那样在边侧、后背设计开门、扣襻，不需要使用任何纽扣、别针或其他系缚物形成浑然一体的视觉效果。同时由于斜向面料易于变形的特殊性，Madeleine Vionnet运用了抽纱（图6-6）、针纹褶饰（图6-7）、蕾丝拼缝（图6-8）等方法加强其古典风格的塑造。图6-9为Vionnet 2019春夏服装系列。

◀图6-5 Madeleine Vionnet 缠绕式礼服裙

面料经过螺旋式的扭转，包裹住胸部，然后用剩余面料覆盖在胸部的另一侧。这种做法，一方面可以消除面料浮余量，同时也成为服装的装饰。左侧的连衣裙，扭结交叉后的余量自然下放，形成具有褶裥效果的下摆。右侧连衣裙则采用腰线进行分割设计，下身裙装依旧延续了几何矩形斜裁的方法，形成自然流畅的波浪裙摆

▶图6-6 抽纱（faggoting）

抽纱法最早的形成可追溯至19世纪维多利亚时期。它是依照斜裁面料的经纬方向抽出相应纱线，呈现交错的锯齿纹路，为素雅的衣裙润色。Madeleine Vionnet的抽纱法通常是先建立几何形，通过单元几何形的排列构成新的图案组织，在纯色服装上形成装饰效果

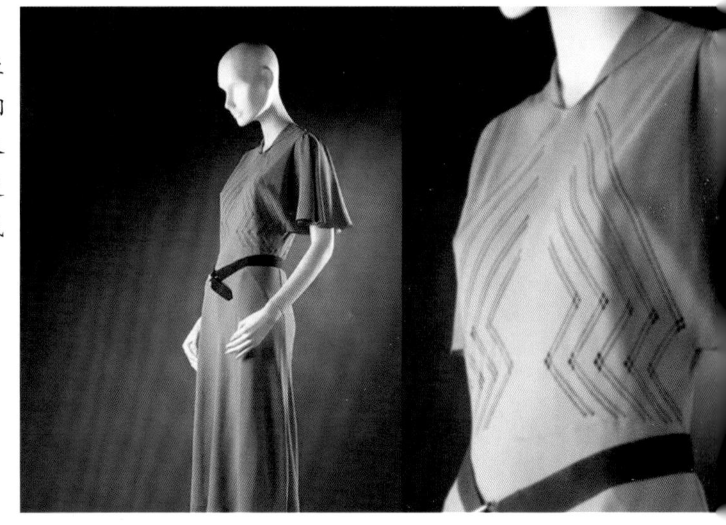

◀图6-7 针纹褶饰（pintucks）

针纹褶饰，形如其名，是要做出一种如针般粗细的细褶。Madeleine Vionnet用它化解余量，或增加褶结束位置的容量，同时也产生一种井然有序的装饰美感。它通常是沿着直纱或横纱做褶，因此这种褶通常是斜向的。每个褶的宽度不过几毫米。成排的褶与褶之间的间隙也不足1厘米，属于精巧和耗时的装饰技法

◀图6-8 蕾丝拼缝（lace-on-laceappliqué seam）

此作品是Madeleine Vionnet 20世纪30年代的蕾丝长裙，大面积运用蕾丝拼缝。大致做法是正面朝上对齐纹样，边缘用珠针定位，使用细密的锁缝线迹（whipstitch）缝合，之后剪掉余量

▶图6-9 Goga Ashkenazi执导的Vionnet 2019春夏服装系列

以黑白、裸色、马卡龙黄等色调细腻描绘由褶裥和垂坠构成的古希腊服饰美学，并加入现代工装裤元素——口袋、安全带与皮带扣环等单品，将休闲运动风与典雅褶饰纱裙进行趣味结合，实现古典与现代风格的创意碰撞

6.1.2 格蕾夫人（Madame Gres）

Madame Gres以非传统的褶裥工艺、独到的剪裁手法与大胆无畏的突破精神，在百家争鸣的20世纪风尚潮流中开辟出古典主义服装风格中的一支清流。Madame Gres的设计与古希腊的服装非常相似，剪裁简单，讲究自然的垂坠形式，褶皱众多，典雅美丽。Madame Gres的设计带有强烈的古典主义风格，如图6-10和图6-11所示。

◀图6-10 古希腊爱奥尼式希顿（Ionic Chiton）

▶图6-11 Madame Gres礼服

古希腊的女神雕塑给了她无限灵感。图6-10中希腊的典型服饰爱奥尼式希顿（Ionic Chiton），Madame Gres针对其形式做了相应的古典主义新风的改良设计。如图6-11所示，袖子在手臂上缠绕的褶皱与爱奥尼式希顿十分相似

同时Madame Gres的服装间接地运用大量古希腊、古罗马建筑的元素，如雕塑般自然流动的特色剪裁，使其享有“布料的雕刻家”的盛誉。她以布料延展、堆叠出宛若雕塑线条的刻凿痕迹，将雕塑与服装两种艺术领域结合，实现在以古罗马和古希腊风格为创作灵感的垂坠服饰中，以亲密贴合身体的褶裥和如瀑布般垂挂肩上的披肩，重塑古典服装的新样貌，如图6-12和图6-13所示。

▲图6-12 Madame Gres的礼服与希腊柱

Madame Gres的设计作品讲究自然下垂的褶皱，从而获得纯粹的古典效果。所有的褶裥都被精心设计，有自然的部分，更多的是有序又变化多端的褶皱。悬垂的状态、褶量的变化，辅以面料的华丽精致，随人体运动而自然呈现，她的服装没有任何装饰，被视为时装设计中最具有真正古典风味的代表

◀ 图6-13　Madame Gres礼服的肌理设计

Madame Gres的打褶技术非常独特，如果按照她的褶皱技术，完成整件衣服的制作需要300小时。每件服装的褶皱呈现出难得的丰富性，通过缠绕、穿插、编织等技法赋予褶皱以节奏感

Madame Gres对古典主义服装风格的创新在于以斜裁垂坠技法，用希腊美学改写法式高订，实践异国服饰的基因转殖。她打破了法式高定“于合身版型上加上罩裙、并分片缝制”的潜规则，以不裁布、不打版的方式，直接在模特儿或制衣人台上扭转、堆叠、捏塑出服装结构，如图6-14所示。

▶ 图6-14　Madame Gres的斜裁礼服

20世纪50年代起，Madame Gres开始在服装设计中融入了异国服饰基因，如卡夫坦长袍大衣（caftans）、尼赫鲁式上衣（Nehru Jacket）、和服（Kimono）、披肩、睡衣套装等，以新颖的东方服饰剪裁法，创造“Couture Hippie”系列。以罗缎、锦缎，结合无接缝/胁边（seamless）和斜裁（bias-cut）垂坠技术，赋予高订服装带有东洋风情的全新面貌

6.1.3 马瑞阿诺·伏契尼（Mariano Fortuny）

Mariano Fortuny是一位西班牙纺织品设计师，兼作画家的他，更关注的是服装的形式特点，他的设计沿用古希腊、古罗马的风格特点。他认为织物是基础，因而他把重点放在织物的色彩及肌理的处理上，并强调装饰图案中的明暗对比。他发明了细密褶皱面料，用其创造出了小说家马塞尔·普鲁斯特（Marcel Proust）所称的“忠实于古典但显而易见是原创”的服装——德尔斐裙装（Delphos dress），风靡了20世纪30年代。该裙装（图6-15）的设计灵感来自图6-16所示的古希腊御手雕像。

图6-17和图6-18分别为Mariano Fortung的经典作品——褶皱连衣裙和古典主义风格裙装。

▲图6-15　德尔斐裙装（Delphos dress）

▲图6-16　古希腊御手雕像

“Delphos”这个名字来源于古希腊的宽大长袍，灵感来自同名的古希腊雕像。Delphos本是打算作为非正式服装，或只是在家中进行私人茶会时穿着的茶礼服，后来因为劳伦·白考尔（Lauren Bacall）穿着一件复古的红色Delphos来到了1978年的奥斯卡颁奖礼上，而成为正式的礼服

▲ 图6-17　Mariano Fortuny的褶皱连衣裙

Mariano Fortuny的褶皱连衣裙涉及热力、压力和陶瓷棒，其设计专利从未被复制过，面料本身成为一种装饰。服装的连接处采用意大利威尼斯的穆拉诺玻璃珠，缝在每个侧缝边上的丝绸绳子上，这种珠子具有功能性和装饰性，它们为服装的轻薄丝绸增加了重量，以确保平滑缝合，增强下垂度

▲ 图6-18　Mariano Fortuny的古典主义风格裙装

Mariano Fortuny设计的服装，除了德尔斐褶皱裙，还常与东方风格披挂式服装款式结合。时尚历史学家兼作家麦克道尔（Colin McDowell）认为Mariano Fortuny是将时尚提升到艺术水准的创作者之一。精美丝绸连衣裙，外加天鹅绒的丝质外套诠释了伏契尼式古典风格的华贵，他从织物设计的角度为古典主义服装发展提供了另一种思路

6.2 浪漫主义风格大师作品赏析

浪漫主义产生于18世纪末19世纪初，是欧洲资产阶级革命时期的一种文艺思潮，在文艺上与古典主义相对立，呈现出与古典主义相反的自由、奔放、即兴、激情、感性、动态和个人的特征。如果说古典主义风格是感性的和思辨的，浪漫主义风格就是感性的、无所约束的、想象丰富的，具有较强的精神性。

欧洲19世纪是浪漫主义服装的兴盛期。浪漫主义服装成了女性化的同义词。这一时期的女装款式极其强调细腰丰臀的X形夸张的女性特征，为了塑型，紧身胸衣和裙撑卷土重

来。泡泡袖、羊腿袖等具有田园风格的袖型风行。为了塑造蓬松的袖型，袖山部常需要用金属丝定型或用羽毛作填充物。领口多呈花边装饰，敞领低开露肩，高领为拉夫式轮状皱领。面料多采用蕾丝和塔夫绸，易于抽褶以及表现女性柔美的特征，装饰带、花边、花结、珠片绣、网纱、蕾丝等复杂烦琐成为其装饰特点。色彩中多采用粉红、橙红、天蓝、翠绿、明黄等明亮的色彩，将女性塑造得犹如鲜花盛开，如图6-19和图6-20所示。

▲ 图6-19 19世纪浪漫主义风格服装

浪漫主义服装以一种强调女性化的风格出现。时常用装饰构造设计手段，如抽褶、荷叶边、蝴蝶结、花结和花饰等，造型夸张独特，为了强调翘起的臀部，除了裙撑以外，裙摆后部常常装饰有垂褶、花边、蝴蝶结、毛边、流苏、刺绣等

▲ 图6-20 约翰·加利亚诺（John Galliano）浪漫主义风格礼服

John Galliano用体感庞大的面料堆砌出摇曳的裙摆，随处可见缎带、荷叶边、蝴蝶结的装饰，加之柔和梦幻的色调，塑造出高订礼服的浪漫主义风格，具有鲜明的法国宫廷贵族服装印记

▲图6-21 詹巴迪斯塔·瓦利（Giambattista Valli）浪漫主义风格服装

此时的浪漫主义风格服装遵循最为基本的形式组合规律，在此基础上打破传统浪漫主义过于夸张的造型。采用常用的复古、怀旧、民族和异域等主题，线条或柔美或奔放，常见有非对称和不平衡结构，色彩明亮多变，图案缤纷斑斓，面料追求自然和质感的对比

21世纪初服装界再次唱响浪漫主义，此时的浪漫主义更趋向于自然柔美的形象、浅淡的色调、婉转的线条、轻柔的材质，表现的是一种怀旧的情结和田园风格，重视民族民间传统，追求唤起历史的回忆，讲究装饰意趣，从历史和民族服装中去寻找设计灵感，使人们在都市喧嚣中感受到一种充满幻想的心灵空间。如图6-21所示。

6.2.1 杜嘉班纳（Dolce & Gabbana）

杜梅尼科·多尔奇（Domenico Dolce）1958年生于西西里岛，斯蒂芬诺·嘉班纳（Stefano Gabbana）1962年生于米兰，两人共同携手创建了杜嘉班纳（Dolce & Gabbana）品牌。Domenico Dolce对服装的裁剪追求尽善尽美，Stefano Gabbana则偏重戏剧化的设计构思，他们两位携手创造出了一个充满情感、传统、文化和地中海气息的意大利品牌，他们的设计突出女性特征，充满了浓郁的浪漫主义气息，以魅力和多元化而著称世界。

西西里岛是他们服装设计的灵感来源。传统的西西里女孩服饰（不透明的黑色长袜、黑色蕾丝、披巾流苏），拉丁族的性感女郎衣着（束胸衣、高跟鞋、内衣外穿），西西里黑帮标志性着装（细条纹套装、娴熟流畅的做工），这些都成为Dolce & Gabbana独特的标志设计。这些设计极端的对立，将阳刚之气和阴柔妩媚、轻柔和强硬这些矛盾的元素混合，塑造了浓郁女性意味的浪漫。如图6-22～图6-24所示。

Dolce & Gabbana认为女性魅力不光是紧身或裸露，更是浑然天成的自在态度和被包裹的性感。Dolce & Gabbana拓宽了浪漫主义风格对女性化的局限定义，塑造了国际化的女性化新形象，风靡全球。杜嘉班纳模特穿着性感的紧身衣或在透明的服装下露出文胸，衬以男性化的细条纹服装，并搭配领带和白衬衫或男装背心，但总是穿着高跟鞋，迈着极为女性化和性感的步伐，骨子里女人味十足。如图6-25和图6-26所示。

◀图6-22　杜嘉班纳（Dolce & Gabbana）2017年春夏系列

意大利西西里岛风情几乎是Dolce & Gabbana独特的标志风格，2017年春夏系列让时髦的西西里女郎穿上了以生活元素为基调的服装，刺绣花卉等装饰元素布满了衣身，外套的宽松廓型的直线裁剪与蕾丝内搭形成鲜明的反差，让充满浪漫风格的服装更加奢华、性感

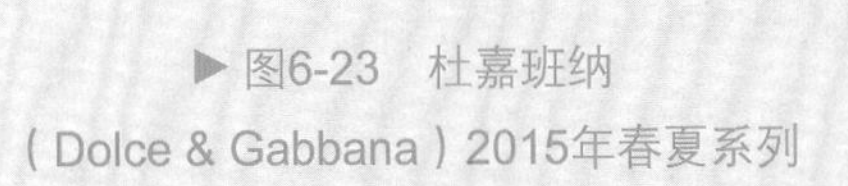

▶图6-23　杜嘉班纳（Dolce & Gabbana）2015年春夏系列

Dolce & Gabbana 2015年春夏系列包含了很多品牌的经典元素，将热情的红玫瑰与康乃馨、弗拉明戈式的层叠褶皱、神秘的网纱、性感的蕾丝、律动的流苏运用到服装中，增加了女性服装的浪漫意味

▲ 图6-24 杜嘉班纳（Dolce & Gabbana）服装作品

浪漫风格的服装通常采用花卉作为其标志性图案，Dolce & Gabbana 创造性地将西西里岛最常见的蔬果作为服装的印花主题，与自由奔放的西西里情怀相结合，塑造了别样的浪漫主义风情，丰富了浪漫服装图案的种类

▲ 图6-25 杜嘉班纳（Dolce & Gabbana）1993年海报

▲ 图6-26 杜嘉班纳（Dolce & Gabbana）2015年春夏系列

1993年问世的杜嘉班纳（Dolce & Gabbana）黑色紧身胸衣，为其在时尚界赢得了不少惊艳目光。胸衣与西装裤的搭配在当时看来可谓惊世骇俗，海报上女模特胸衣配领带的搭配更是让人浮想联翩，结合西西里岛特有的神秘“黑帮传说”，为他们赢得了不少赞美。此后，剪裁轮廓合身、立体感极强的紧身胸衣成了杜嘉班纳（Dolce&Gabbana）的标志之一。2015年春夏发布会，杜嘉班纳（Dolce & Gabbana）将这一元素重新演绎，将男性化的衬衫与充满女性装饰意味的短裤相搭配，在反差中凸显女性的浪漫特质

6.2.2 马克·雅各布斯（Marc Jacobs）

Marc Jacobs1963年出生在纽约，后进入纽约著名的帕森斯设计学院攻读时装设计。在学院的时候，他获得了多项奖项，初步展露出他的设计才华，赢得“神童”美誉，从此正式晋身时装界。1986年他得到赞助支持，首次推出以个人名字为卷标的Marc Jacobs系列，1987年夺得美国时装界最高荣誉“美国服装设计师协会（CFDA）最佳设计新秀奖”。后又得到国际头号奢侈品集团LVMH的赏识，1997年出任奢侈品牌LV创意总监。现在，他同时担任LV品牌以及自己署名品牌Marc Jacobs、副牌Marc By Marc Jacobs的设计。

Marc Jacobs对于浪漫服装风格的诠释来自其对于经典浪漫元素的廓型的夸张，如羊腿袖、泡泡袖、拉夫领等元素再次出现。在色彩上突破了传统浪漫主义饱和度较低的典型颜色，高纯度的颜色与夸张的廓型相结合，叠加极富女性化装饰手段的波浪、碎褶、花边、花结、缎带技法，重现了当代浪漫主义服装风尚，如图6-27～图6-30所示。Marc Jacobs一向被视为时尚界的另类分子，是“时尚简约主义”的代表，设计理念大胆自由且创意无穷。

▲图6-27　马克·雅各布斯（Marc Jacobs）2019年作品

▲图6-28　马克·雅各布斯（Marc Jacobs）2020年作品

这两款都是通过服装廓型塑造浪漫风格的典型。它们不同于传统浪漫主义风格通过紧身胸衣和裙撑进行塑型，而是通过服装结构技法结合面料特性进行塑型。廓型也不再单一地选用X廓型，而是将花卉样的女性廓型通过波浪、褶裥等技法进行抽象的表达。从2019年的作品可以看出，面料采用了较为柔软的丝质，通过波浪层次的旋转与抽褶，塑造出花卉造型。2020年的作品选择了较为挺括的材质，花卉设计的重点上移到头部，通过袖子廓型与其相呼应

▲图6-29　马克·雅各布斯（Marc Jacobs）2018年作品

2018年作品是Marc Jacobs以20世纪80年代最具代表性的人物格蕾丝·琼斯（Grace Jones）及大卫·鲍威（David Bowie）等为灵感创造出的一组具有浪漫主义风格特质的服装。Marc Jacobs专研如何更加完美地诠释1980年代精神，通过极少见的视角来呈现。外套是以男性硬朗宽松的廓型为主，融合红色、紫红、蓝绿、金盏花黄等色彩多变且线条柔和的女性化元素

▶图6-30　马克·雅各布斯（Marc Jacobs）2020年作品

2020年作品中，晚装部分，Marc Jacobs采用的是其擅长的花卉图案，色彩对比融合，半透明的材质若隐若现地刻画出女性的妩媚与性感。造型元素延续了浪漫主义风格的代表——泡泡袖、荷叶边，只是在比例上更为夸张

Marc Jacobs擅于混搭（mix and match）设计，将具有线面浪漫风格元素的设计与正装相搭配。在系列中有很多整体的、非常优雅的设计，但是这些都很容易拆开来，成为有趣的单品，能和衣橱里面的各种衣物来做搭配。不论是毛衣、圆裙、及膝窄裙、后长前短的上衣、窄裤还是外套，每一件都是混搭性很强的单品。如图6-31所示。

▲图6-31 马克·雅各布斯（Marc Jacobs）2019年作品

Marc Jacobs将典型的浪漫主义风格的雪纺材质的拉夫领、蝴蝶结领与材质硬挺的外套女装相搭配，给偏中性正装风貌的套装带来一种女性特有的柔和与活泼气质，其可拆卸的设计为服装提供了多种穿着的可能性。同时，在正装中融入浪漫风格元素，也拓宽了浪漫风格服装在款式应用中的领域

6.3 巴洛克与洛可可风格大师作品赏析

巴洛克（Baroque）一词源于西班牙语及葡萄牙语的“变形的珍珠”（barroco），有“俗丽凌乱”之意。欧洲人最初用这个词指“缺乏古典主义均衡特性的作品”，它原是崇

尚古典艺术的人们对不同于文艺复兴风格的一个带贬义的称呼，现今这个词已失去了原有的贬义，仅指17世纪风行于欧洲的一种艺术风格。其最基本的特点是打破了文艺复兴时期的严肃、含蓄和均衡，崇尚豪华和气派，注重强烈情感的表现，气氛热烈紧张，具有刺人耳目、动人心魄的艺术效果。

概括地讲，巴洛克艺术有如下一些特点：一是它有豪华的特色，它既有宗教的特色又有享乐主义的色彩；二是它是一种激情的艺术，它打破了理性的宁静和谐，具有浓郁的浪漫主义色彩，非常强调艺术家的丰富想象力；三是它极力强调运动，运动与变化可以说是巴洛克艺术的灵魂；四是它很关注作品的空间感和立体感；五是它的综合性，巴洛克艺术强调艺术形式的综合手段，例如在建筑上重视建筑与雕刻、绘画的综合，此外，巴洛克艺术也吸收了文学、戏剧、音乐等领域里的一些因素和想象；六是它有着浓重的宗教色彩，宗教题材在巴洛克艺术中占有主导地位。

17世纪的巴洛克式服装追求的是繁复夸张、富丽堂皇、气势宏大、富于动感的境界。艳丽奢华的配饰点缀同色的丝绒服装，散发贵族气质。巴洛克式男装所表现的雕琢装饰达到了奢华和人工造作的顶峰，出现了令人刮目的式样，可以说几乎超越了男性风格的界限。如图6-32和图6-33所示。

▲图6-32　路易十四身着巴洛克式服装

▲图6-33　17世纪身着巴洛克式服装的贵族少年

由图6-32和图6-33可见，此时的巴洛克男装，大多裤长至膝盖，在前腹部、两侧和边缘均有饰带和花结装饰，并露出衬裤脚边；衣着装饰众多，多层灯笼袖，纷繁的细褶，繁杂的花边、抽褶、带结、流苏，裤子两侧、上衣边缘及袖口处饰有一排排穗带，针织花边比以前更宽、更精致，衣服上通常具有巴洛克风格的刺绣。靴口外展，露出饰有精美花边的长筒袜。鸵鸟毛装饰的宽檐帽，戴假发也成为其标志性特征

17世纪巴洛克女装利用繁多而堆砌的褶裥、凌乱的花边饰带和炫目的大小花饰去塑造雍容华贵的观感。多采用拉夫领或敞领，紧身胸衣，多层而庞大的裙子，外层的裙前中开及腰高衩并将裙角拉到后臀，如图6-34所示。同时，束腰也是这一时期巴洛克风格女装的主要特点之一。

17世纪巴洛克式的华丽矫饰，到18世纪演变成精致、优雅但却更加夸张、奢华、轻松和享受的洛可可服装。洛可可（Rococo）一词由法语Rocaille（贝壳工艺）和意大利语Barocco（巴洛克）合并而来，Rocaille是一种混合贝壳与石块的室内装饰物，而Barocco（巴洛克）则是一种更早期的宏大而华丽的艺术风格，有人将洛可可风格看作是巴洛克风格的晚期，即巴洛克的瓦解和颓废阶段。

洛可可风格最早出现在装饰艺术和室内设计中，路易十五登基后给宫廷艺术带来了一些变化。前任国王路易十四在位的后期，巴洛克设计风格逐渐被有着更多曲线和自然形象的较轻的元素取代，而洛可可艺术，即是大约自路易十四逝世（1715年）时开始的。

洛可可的总体特征为轻快、华丽、精致、细腻、烦琐、纤弱、柔和，追求轻盈纤细的秀雅美，纤弱娇媚，纷繁琐细，精致典雅，甜腻温柔，在构图上有意强调不对称，其工艺、结构和线条具有婉转、柔和的特点，其装饰图案有自然主义的倾向，以回旋曲折的贝

▲图6-34　17世纪巴洛克式女装

巴洛克式女装具有豪华的特色，同时兼具浓郁的浪漫主义色彩，其图案的设定大多充满宫廷的华贵意味，线条具有运动与变化的特点。服装色彩上打破了传统的女性化色彩，大胆采用了黑、白、橙、红等色彩打造高雅矜贵的淑女形象

◀图6-35 德·蓬帕杜尔夫人的洛可可式服装

层层叠叠的裙摆，在细节上将繁复且精细的做工体现得淋漓尽致，衣身缀满蕾丝花边，夸张袖子充满着华贵的气氛。色彩上采用了墨绿色，配以红色花卉点缀，让人犹如置身于一场盛大的宫廷舞会中

壳形曲线和精细纤巧的雕刻为主，造型的基调是凸曲线，常用S形弯角形式。洛可可式的色彩十分娇艳明快，如嫩绿、粉红、猩红等、线脚多用金色。这些特点在女装中体现得尤为明显。

女装中的紧身胸衣达到极盛时期，精致而漂亮。而前后扁平、左右宽大的裙撑的夸张也达到服装史上的顶点。由蕾丝缎带、花结和褶裥等构成的额外装饰很受重视，如图6-35所示。

6.3.1 克里斯汀·拉克鲁瓦（Christian Lacroix）

Christian Lacroix 1951年生于法国，大学期间攻读古希腊拉丁文学和艺术历史，获得硕士学位。久远历史长河中高贵豪华、璀璨夺目的宫廷风格是其不变的灵感来源。1987年，Christian Lacroix在巴黎创立了以自己名字命名的高级女装公司。先后于1986年和1988年两次获得时装界的最高奖——金顶针奖。

在首次个人女装发布会上，Christian Lacroix设计了一款具有洛可可风格的克里诺林裙，优美的曲线造型衬托出女性身材的婀娜多姿，在服装界引起一时轰动。纵观Christian Lacroix的设计，可以发现其对巴洛克与洛可可风格的青睐。他喜欢用绚丽的色彩，抽

▲图6-36　克里斯汀·拉克鲁瓦（Christian Lacroix）1987年秋冬女装秀

夸张的造型、纷繁的装饰、奢华的面料、考究的做工是Christian Lacroix服装的基础。X型廓型是巴洛克风格的特征之一，通过垫肩与下摆的宽度形成收腰的X形效果。此款摒弃了传统的裙撑，通过花苞型结构塑造出裙撑的体积感

▲图6-37　克里斯汀·拉克鲁瓦（Christian Lacroix）1990年秋冬女装秀

此款是Christian Lacroix推出的西班牙风情，将欧洲巴洛克服装历史中典型的配色与图案应用于服装设计作品中，整体效果呈现出一种现代巴洛克的既视感

纱、刺绣、荷叶边、拼接等方法塑造巴洛克与洛可可式的华丽风格，通过法式经典的优雅华贵装饰、柔软上乘的质料、夸张艳丽的色彩，以及独特的裁剪方式重现法国宫廷风。如图6-36和图6-37所示。

Christian Lacroix设计的女士礼服大多以华丽的曲线主题、变形的拉夫领和羊腿袖、宽大的圆摆裙和轮胎状裙子、多层的花边、繁杂的花朵、奇妙的装饰为其设计标志，如图6-38和图6-39所示。

6.3.2 约翰·加利亚诺（John Galliano）

John Galliano1960年出生于西班牙。1980年进入英国圣马丁艺术学院攻读时装设计专业。1983年的毕业设计作品以法国大革命为设计灵感让他获得了人生中的第一个大奖，被媒体誉为服装怪才。1995年，John Galliano担任了纪梵希（Givenchy）品牌的设计总监。1997年入主克林斯丁·迪奥（Christian Dior），成为其首席设计师，并成功地完成了将Dior品牌年轻化的任务。John Galliano给品牌注入反叛和独特文化的元素，打造出Dior礼服的盛世，让Dior获得更多关注。

John Galliano用充满戏剧风格的方法塑造服装的历史感和文化元素，擅长营造宏伟瑰

▲图6-38 克里斯汀·拉克鲁瓦（Christian Lacroix）巴洛克风格礼服

Christian Lacroix的巴洛克风格礼服，散发着温柔甜蜜的浪漫气息。面料虽然不是典型的浮花锦缎，却采用光滑轻盈的纱绸，彰显别具一格的奢侈感，尽显春天梦幻般的精致，褶皱裙、蕾丝给硬朗的巴洛克廓型风格带来柔媚的女性气息

►图6-39 克里斯汀·拉克鲁瓦（Christian Lacroix）2009年作品

蕾丝、花边、绸缎再次出现在Christian Lacroix设计的婚礼服中，创造出亦古亦今的别样风格。白色与金色的搭配增加服装的华贵感，巴洛克式曲线的花卉，耀眼灿烂的金线装饰，搭配精致的仿真花，使得服装充满戏剧的味道

丽、充满幻想的场景。因其从小就受到西班牙天主教风格的熏陶，使得他对于巴洛克风格有着明显的偏好，其作品如图6-40和图6-41所示，常采用被行业誉为“剪刀手”的游牧式剪裁。

▲图6-40 约翰·加利亚诺（John Galliano）巴洛克风格作品

对历史风格的把握与再创造是John Galliano设计的优势，同时，他也是混搭设计的创始者，各个时代文化元素都会被他融入设计中，经重新构思演变成新的时尚因子

◀图6-41 约翰·加利亚诺（John Galliano）洛可可风格作品

Dior品牌的花冠系列所展现的X廓型元素，是其设计的核心元素之一。John Galliano任职期间，Dior的高定礼服设计将其融入洛可可式的法国宫廷风格，采用华贵丝锻，大量的褶皱、花卉、刺绣、荷叶边，打造了18世纪纤细而华贵的女性形象，色彩上采用了洛可可时期典型的粉色、蓝色、米色等表现女性温柔气质的颜色

2014年，Galliano接到了Masion Margiela品牌的拥有者、OTB集团总裁 Renzo Rosso抛来的橄榄枝，随后担任其设计师，作品如图6-42和图6-43所示。

▶图6-42　约翰·加利亚诺（John Galliano）2015年作品

在 Maison Margiela 品牌的首秀上，依旧沿袭了一贯的干净布置，狂野浪漫与极简解构发生了化学反应般的碰撞。以红黑白加上金银两色点缀作为主色调的时装中，Galliano将他的鬼魅创意和工匠艺术一并展现，用解构式的造型营造巴洛克风格廓型，通过金色印花凸显华贵感

◀图6-43　约翰·加利亚诺（John Galliano）2019年春夏系列

约翰·加利亚诺（John Galliano）2019年春夏系列将田园与宫廷古典元素重新诠释及延伸，在这些作品中，有十分经典的巴洛克式的浪漫蕾丝，夸张的泡泡袖，微透的薄纱、网纱，飘逸的裙摆，因现代的剪裁方式和面料肌理的变化而形成了巴洛克式宫廷与田园风格的完美结合

6.4 新样式艺术和迪考艺术风格大师作品赏析

（1）新样式艺术

新样式艺术（Art Nouveau），是19世纪末20世纪初在欧洲和美国产生并发展的一次影响面相当大的“装饰艺术”的运动，是一次内容广泛的、设计上的形式主义运动，涉及十多个国家，从建筑、家具、产品、首饰、服装、平面设计、书籍插画，一直到雕塑和绘画艺术都受到影响，延续长达十余年，是设计史上一次非常重要的形式主义运动。

新样式艺术以装饰性的平面图形和色彩、不对称的动态构图和流畅线条为特征，强调装饰、结构和功能的一体性。大量运用有机植物般的线条，按既定空间进行缠绕调整，具有装潢优美的结构和多愁善感的格调。这些式样很多取自大自然，如蔓草、花卉、鸟兽、藤枝等，深受此前以威廉·莫里斯（William Morris）为首的工艺美术运动（The Arts & Crafts Movemen）的影响。图6-44为威廉·莫里斯（William Morris）壁纸纹样——偷草莓的贼。

▲图6-44 威廉·莫里斯（William Morris）壁纸纹样——偷草莓的贼

威廉·莫里斯（William Morris）注重线条协调形式的作用，看到了线条和色彩的韵律与生命力，形成了一种注重线条和色彩、强调平面装饰的美学观。其作品多采用植物形状弯曲线条作为造型式样

▲图6-45 新样式风格女装（1898年作品）

新样式风格的服装具有成熟、圆润、甜美和女性化的倾向，大量采用植物般和自然中的曲线主题，且较为复杂。新艺术风格服装可以采用类似S型外观的廓型，通过对称的动态造型和顺畅的曲线展现女性的美好。装饰相对复杂，婉转盘旋的染织和装饰图形主要取材于自然界的植物，刺绣等具有手工成分的装饰以及花边、花结等较为常用，色彩也具有明显的平面性和装饰感

整体上来说，新样式艺术具有以下五个特征。

①强调手工艺。

②完全放弃传统装饰风格，开创全新的自然装饰风格。

③倡导自然风格，强调自然中不存在直线和平面，装饰上突出表现曲线和有机形态。

④装饰上受东方风格影响，尤其是日本江户时期的装饰风格与浮世绘的影响。

⑤探索新材料和新技术带来的艺术表现的可能性。

新样式艺术风格在服装上的典型代表就是19世纪末至1910年左右的欧洲女装。在这段时间里，服装、饰品和纺织品的设计师、裁缝、商人以及时尚女性，在服装史上第一次与思想家和艺术家携手，共同创造出具有时代精神的新样式风格服装（图6-45）和成熟、圆润、丰满的充满女人味的装扮形象。

（2）迪考艺术

迪考艺术（Art Deco）是现代装饰艺术上的一种运动，同时也影响了建筑等许多其他方面。装饰艺术是1920年代早期就流行于欧洲的一种风格，其特点是倾向使用直线造型和对称图案，色彩组合鲜艳、明快、清新，具有东方情调，风格稚拙。迪考艺术得名是起自1925年在巴黎举办的第一届“艺术装饰与现代工业博览会”，在展会上出现了“香奈尔式样”“佰亚利式样”等诸多艺术名称，最后普遍以“Art Deco”概括称呼。

迪考艺术风格和形式受到诸多因素的影响。它既有对于将形体分成几何切面而著称的立体派和表现现代机械文明的未来主义等诸多现代艺术流派的风格的借鉴，同时也有对于埃及等古代装饰风格的实用性吸纳。

1922年，英国考古学家在埃及发现的古代帝王墓——图坦卡蒙（Tutankhamun）震动了欧洲的新晋设计师们，特别是图坦卡蒙的金面具，具有简单的几何图形，使用金属色系

列和黑白色彩系列，却达到高度装饰的效果，给予迪考艺术家们以启示。图6-46即为基于古埃及风的时装设计作品（Dior品牌2004年）。

迪考艺术风格服装主要指具备明显的迪考艺术特征的服装。迪考艺术反对甜美圆润而又稚拙的风格，反映于西方服装上则是20世纪10年代对青春和天真无邪的理想形象以及男孩风貌（Boylish Look）的追求。图6-47即为男孩风貌（Boylish Look）服装。服装史上第一次认为胸腹扁平对于女性是一种美，这种风格也同样反映于20世纪20年代的青春、花哨、轻松、享乐、女孩子气的衣着形象和略有轻浮的小野禽风貌（Flapper Look）。图6-48即为小野禽风貌（Flapper look）服装。

迪考艺术对当时上海的服装和装饰也有一定的影响。1925年，在巴黎举办的第一届艺术装饰与现代工业博览会上，中国总领事曾率团在巴黎大皇宫国家美术馆的一楼设置了中国展区，展示了一批来自中国艺术家的佳作。后来迪考艺术也开始在上海的服装、海报、

▲图6-46　基于古埃及风的时装设计作品（Dior品牌，2004年）

迪考艺术风格的服装设计对于异域情调和材料多有借鉴，常受到东方艺术的影响。如图，Dior品牌就以古埃及的图坦卡蒙作为灵感，设计了具有鲜明迪考艺术风格的礼服，强化了迪考艺术擅于使用直线、折线的特点

McCall's Magazine for May, 1921

Designs That Are Accepted by Women Of Discernment and Taste

▲图6-47 男孩风貌（Boylish Look）服装

男孩风貌，在当时是指一种平胸且有松腰束臀的男性化外观。女性的胸部被有意压平，腰部同时被放松，腰线的位置被下移到臀围线附近，臀部也被束紧，变得细瘦小巧，头发剪短至与男子差不多的长度，整个外形呈长管子状，故也称“管状式外观”，特别是英国和美国女性中最为常见

▶图6-48 小野禽风貌（Flapper Look）服装

小野禽风貌（Flapper Look）是20世纪20年代女性的潮流，更是一个文化符号。年轻的中产女性不再穿着束绑身体的束缚，宽松的剪裁、降低的腰线成为她们的着装标志。“Flapper”们抽烟、喝酒、开车、化浓妆，常常晚上外出跳舞到凌晨，从各方面挑战社会的传统制度

建筑、家具、包装等设计中出现，图6-49是20世纪20年代具有迪考艺术风格的上海女装。

总体来说，20世纪20年代是迪考艺术发展的繁荣期，女装倾向于较为平直的外廓型和直线形造型，装饰相对简洁，纺织品图案大量采用对称几何图案，这种特点对于大规模的成衣推广也具有积极意义。当时的服装色彩鲜艳丰富，常有浓烈的东方情调。

6.4.1 查尔斯·弗莱德里克·沃斯（Charles Frederick Worth）

查尔斯·弗雷德里克·沃斯（Charles Frederick Worth）被誉为高级时装之父，他在时装史上写下了许多第一：第一位在欧洲出售设计图给服装厂商的设计师，第一位将个人品牌标志缝在定制服装上的设计师，第一位提前发布整个时装系列的设计师，第一个开设时装沙龙的人，第一个筹划举办真人时装表演的人，他也是许多女装样式和剪裁手法的发明者。

沃斯1826年出生于英国，13岁进入伦敦首家面料公司当学徒。七年后转入当时城里最时髦的面料商店供职。1845年到达巴黎，进入布料商经营的时装屋工作。在工作期间，沃斯逐渐显示出了作为一名设计师的才华。

1858年，沃斯在巴黎的和平路（Ruede la Parix）开设了巴黎第一家高级时装店。他不仅销售服装，还销售自己设计的服装图纸，这种独创性的经营方式，将他与以前只负责制

▲图6-49 20世纪20年代具有迪考艺术风格的上海女装

这一时期的上海女性服装不再以突出女性特征为主，旗袍大多采用直身廓型，服装图案上广泛应用具有典型迪考艺术特征的几何形、折线与传统东方纹样

作服装的裁缝区分开来，而成为真正的时装设计师。

沃斯的设计风格以优雅著称，在19世纪末到20世纪初，沃斯创作了有很多堪称经典的新样式艺术风格的服装，如图6-50所示。

当时法国社会盛行高腰线，用马鬃、棉麻做裙撑的撑架裙，因造型臃肿夸张似鸟笼而得名“鸟笼裙”，虽然造型华美，但是行动十分不便。沃斯将裙子前方的隆起减小，转而夸张臀部和裙裾，以层叠的布料衬裙取代了传统的裙箍设计，轮廓更加优雅，将女性的身体从笨拙臃肿的服装中解放出来，同样塑造出了新样式艺术中所推崇的S型廓型。如图6-51和图6-52所示。

▶ 图6-50　沃斯新样式艺术风格晚装（1898～1900年间）

侧面看为S形曲线的造型，胸部前凸，腰节收细，裙为前身直垂后摆加长的鱼尾造型，衣袖用轻纱做成花朵状。白色衣身上的黑色图案取意为自然界花朵、植物和动物翎毛的曲线缠绕

▲图6-51　沃斯改良裙撑后的新样式艺术风格晚装

沃斯设计风格华丽、娇艳、奢侈，是典型的宫廷式风格，用料铺张，偏爱昂贵精细的面料和奢华的装饰，喜欢在衣身装饰精致的褶边、蝴蝶结、花边，在肩上垂挂金饰。S型廓型是其新艺术风格的典型特征

◀图6-52　沃斯新样式艺术风格西式外套式晚装

公主线时装、西式套装、礼服与紧身外套的搭配等女装样式，也都是由沃斯高定（Worth Couture）首创。他抬高女装的腰际线、放宽下摆、加长裙身，让女装的样式发生了巨大的变化，创造出将外套与礼服搭配的穿法

6.4.2 保罗·波烈（Paul Poiret）

Paul Poiret 1879年生于巴黎。20岁时其才华得到了当时巴黎最著名设计师之一雅克·杜塞（Jacques Doucet）的欣赏，他成功进入Jacques Doucet旗下，从初级助理开始做起，积累了深厚的剪裁和面料经验。Paul Poiret初次推出的设计作品，一经发售便被抢售一空。24岁时，他在巴黎歌剧院后方开设了第一间属于自己的时装屋，1903～1929年间，他主宰着时装界，并构造了现代时尚行业的雏形，时至今日仍有影响。

Paul Poiret大胆开拓了许多时尚史上的第一例。在当时女性穿衣是以富有曲线的标准为美、紧身束胸才是王道的定义下，他却将女性从矫揉造作的S形束缚中解救出来，划时代地推出高腰身的直线廓型服装，如图6-53所示，为20世纪20年代出现的迪考艺术风格服装提供了前期廓型的基础与探索，是把迪考艺术最早应用于服装设计中的人。

▲图6-53　保罗·波烈（Paul Poiret）迪考艺术风格女装

Paul Poiret以身材苗条、平胸的女性为范本，广泛借鉴了日本、印度等东方国家的传统服装元素，设计出一系列宽松而随和的服装样式，提高了腰线，拉低了衣领，从外形上与传统服装根本性地区别开来

Paul Poiret为东方各民族的艺术特色所倾倒。他曾经访问过俄罗斯，为莫斯科浓郁的东方色彩所吸引，并对古代美索不达米亚、阿拉伯及土耳其的服装充满兴趣。在Poiret设计的服装中，如图6-54和图6-55所示，我们隐约可以找到古罗马裙袍、日本和服、中国旗袍、阿拉伯长裙、印度纱丽等的痕迹。而他开创性的设计还包括胸罩、单肩睡衣和灯笼裤等。

6.4.3 加布里埃·香奈儿（Gabrielle Bonheur Chanel）

加布里埃·香奈儿（Gabrielle Bonheur Chanel）1883年出生于法国，1905年在咖啡厅当歌手期间，将"Coco"作为艺名。1910年，Coco Chanel在巴黎开设了一家女装帽子店"millinery shop"，凭着其非凡的针线技巧和简洁的帽型设计，生意节节上升。1914年，CoCo Chanel进军高级订制服装（Haute Couture）的领域，开设了两家时装店，影响后世

▲图6-54 保罗·波烈（Paul Poiret）具有东方意味的迪考艺术风格女装

Poiret以平面结构为其特征，强调直筒式造型。他可以把长方形的面料进行包裹，沿直线剪裁，创造出一条如古希腊雕塑般的古典主义连衣裙；也可以不经过任何剪裁，仅仅以裹缠的方式完成一件如和服般的无结构外套

◀图6-55　保罗·波烈（Paul Poiret）几何配色的迪考艺术风格女装

Poiret在色彩的应用上具有戏剧风格，他开创了一种由红、黄、蓝三色为主体而形成的基调。他曾将马蒂斯的色彩和毕加索的变形几何图应用于服装设计中，折线、直线、几何形的色块应用使其服装带有鲜明的迪考艺术风格

深远的时装品牌香奈儿（Chanel）正式宣告成立。

香奈儿（Chanel）顺应20世纪历史发展潮流——将宽腰身的直筒型女装（Tubular Style）发挥到极致，在基础廓型上，通过面料和裁剪塑造了服装史上一系列具有迪考艺术特征的经典服装造型。

Chanel第一款备受瞩目的女装灵感就来自于男装。过去陪男孩打马球的时候，她时常会冷得借他们的马球衫来穿，后来她便萌生了将男士马球衫改良成一种针织束腰女士休闲外套的念头，又恰逢第一次世界大战后其他高级面料比较短缺，Chanel的针织外套迅速在女性间流行起来。有了针织外套的名声基础，Chanel更加大胆地设计起与众不同的女装，比如亚麻布直筒裙、长款运动衫等，每一款都以简洁的色彩搭配和不加烦琐细节而闻名。图6-56为香奈儿（Chanel）几何纹样针织迪考艺术风格女装。

Chanel将传统的拖地长裙缩短到与白日服一样的长度，尽可能使其造型朴素、单纯，创造出举世闻名的小黑裙。Chanel曾说“我想为女士们设计舒适的衣服，即使在驾车时，依然能保持独特的女性韵味”。直到今天，Chanel的小黑裙，依然是全球女性梦寐以求的选择。“我常说黑色包容一切，白色亦然。它们的美无懈可击，绝对和谐。在舞会上，身穿黑色或白色的女子永远都是焦点。”Chanel摒弃了当时花花绿绿、繁复累赘的女装款式，不断在面料、设计细节与制作技巧上求新求变，使得Chanel小黑裙（图6-57）这款独特的时尚杰作，

◀图6-56　香奈儿（Chanel）几何纹样针织迪考艺术风格女装

Chanel从男装上取得灵感，是第一位把当时男人用作内衣的毛针织物用在女装上，推出针织面料式男女套装的设计师；同时也是第一位推出女装裤子的设计师。Chanel为女装添上多一点的男儿味道，一改当年女装过分艳丽的绮靡风尚

▶图6-57　香奈儿（Chanel）小黑裙

举世闻名的小黑裙（little black dress），简洁优雅的造型不带有一丝多余的设计，无论是什么气质的女性都适合穿着。当时，美国《时尚》杂志就把小黑裙与第一辆福特汽车相提并论，可见Chanel的作品对世界的影响之大

▲图6-58　卡尔·拉格斐（Karl Lagerfeld）的Chanel套装设计作品

Chanel品牌一直保持简洁而瑰丽的风格，多用Tartan格子或北欧式几何印花，卡尔·拉格斐（Karl Lagerfeld）设计在风格上延续了品牌的经典元素，在款式上进行了大胆的改良与品种拓宽

一直是"现代经典"的代名词。

Chanel对时装美学的独特见解和难得一见的才华，使其一系列的创作为现代时装史带来重大革命。1954年，Chanel重返法国，以她一贯的简洁自然的女装风格，迅速吸引了一众巴黎女性。为了让女性的行动更加自由，她去除了传统套装的里布与垫肩，以口袋与袖子的设计便于双手活动为前提，打造出完美的女装比例。而她最钟爱的斜纹软呢材质则为小黑外套锦上添花，在之后的几十年内被不断演绎。此后，Chanel成为法国的时装象征。图6-58为卡尔·拉格斐（Karl Lagerfeld）的Chanel 套装设计作品。

6.5 现实主义和超现实主义风格大师作品赏析

（1）现实主义风格

现实主义（Realism）作为艺术创作的基本方法之一，其基本思想是侧重于按照现实生活本来的样子去反映其细节真实和具有典型意义的本质真实。核心主张是要求艺术家从实际生活出发。

现实主义风格的服装主要指遵循真实地再现生活和艺术典型化原则的服装。它重视服装的穿用性和功能性，强调服装对于人体自然美好的真实再现，认同人们对于服装的普遍看法，并受到如政治、经济、文化等现实条件的制约。同时，它又随着时代的发展而发展，因地区的不同而有所区别，在不同的历史时期和不同的文化领域，有着不同的现实主义内涵。在不同的时代和地区，现实主义服装也有不同的表现形式。

现实主义风格的服装往往是理性的和优雅的，具有比较稳定的典型象征元素，体现职业、性格、性别特征等，符合民众的主流审美观点。20世纪80年代的雅皮士风貌（Yuppie Look）是现实主义风格服装的典型体现。作为具有较高素养和工作职位的上班族，男士穿着整洁的西服或西便服，衬衫的领片和袖克夫通常为白色，系领带，如图6-59所示；女士常穿着裁剪精良的裙套装或者裤套装，单色或灰调的服装配彩色的饰品。

▲图6-59　20世纪80年代现实主义风格男装

现实主义风格服装具有形象塑造的典型性，在一定的时代有着较为稳定的形制、较强的可识别性并符合真实性原则的经典服装往往体现出现实主义风格。在款式设计上，通常利用经典的造型和装饰手段并加以合乎时尚的变化，强调服装的穿用性和标识性

▲图6-60 超现实主义风格服装设计作品

超现实主义设计师不描绘现实的世界，而是探入潜意识、梦境、虚幻这些看不见摸不着的元素中去。换句话来说，他们不是现实主义的设计师，而是另一个潜意识世界的创建者

现实主义风格服装设计在主题选择、素材选择和设计元素整合等方面遵守现实性、典型性和历史性原则。它主要针对现实中的人进行服装形式美感的构思和设计。服装的形式特征符合社会中担任不同角色的普通人士。采用在流行中具有代表性的面料图案和色彩组合。对经典式样进行符合时尚的再创造是现实主义风格设计的重要内容。

（2）超现实主义风格

超现实主义（Surrealism）是一种现代西方艺术思潮。第一次世界大战时先在瑞士出现达达主义，继而在法国演变为超现实主义，因法国作家布雷东（Andre Breton）1924年在巴黎发表的一篇《超现实主义宣言》而得名。其哲学基础是主观唯心主义、直觉主义和弗洛伊德精神分析说，认为“下意识的领域”、梦境、幻觉、本能是比现实更能反映精神深处的真实，因而要求发掘久受压抑的潜意识世界，使它具有主宰地位的理性统一而使人性臻于完美。

超现实主义风格服装在设计时运用了超现实主义艺术的创作思维。主张艺术家“精神的自动性”，提倡不接受任何逻辑的束缚，非自然合理的存在，梦境与现实的混乱，甚至是一种矛盾冲突的组合，将色彩、光、阴影、形态重新组合。这种任由想象的模式也深深影响到服装领域，带动出一种史无前例、强调创意性的设计理念。

超现实主义的设计师们同样否认艺术是生活的真实再现，认为服装是不及物的设计，应当让人们脱离时间空间的思维限制，完全沉浸在对服装本身的欣赏上。通常将一些平时没有关系的事物非理性地结合在一起并体现于服装之中，创造出一种生活中没有的新的服装现实。于是，在服装设计上，有用骷髅纹等惊世骇俗的图案，有用刺目鲜艳的色调，有高跟鞋式的帽子，有内衣外穿的款式等，如图6-60所示。很多超现实主义艺术家也参与了这种设计。

6.5.1 拉尔夫·劳伦（Ralph Lauren）

拉尔夫·劳伦（Ralph Lauren）1939年出生于纽约，20世纪60年代在推销领带的过程中成功设计了首批“唤醒时尚的领带”，命名为POLO，这种加大两倍宽度、色彩鲜艳的领带给当时千篇一律的黑色领带以强烈的震撼，也为Lauren日后的成就奠定了坚实的基础。

1968年，Ralph Lauren成立了男装公司。在服装风格上，Lauren倡导简洁舒适的时尚情趣，不论正装还是休闲装，都洋溢着一股富于现代感的高贵气质，非常适合有身份、有地位的男士穿着。20世纪70年代，Ralph Lauren开始进军女装市场，全面继承“简洁舒适”的风格，采用男士版型、女士裁剪，灵活的搭配和闲逸而又硬朗的内涵，如图6-61所示，吸引了众多职业女性的目光。

▲图6-61 拉尔夫·劳伦（Ralph Lauren）男士裁剪风女装

这一系列的灵感来自纯粹而简洁的线条与经典形状，是一种为摩登生活而生的浪漫极简主义与女性特有的成熟复杂相融合，极为实用的穿着设计。羊绒大衣的造型剪裁精良，色调统一为松露色系

20世纪80年代初，Ralph Lauren推出了POLO SPORT（POLO运动系列），迎合了热爱运动和提倡健康的美国人定位。1994年和1995年又推出了两个年轻的副牌系列——Ralph和POLO JEANS COMPANY，并在这两个系列中通过英气、含蓄、性感等元素的巧妙混合，将爽朗而朝气蓬勃的美国精神全面展现。图6-62为拉尔夫·劳伦（Ralph Lauren）经典POLO衫，图6-63为其女装设计（2019年作品）。

▲图6-62　拉尔夫·劳伦（Ralph Lauren）经典POLO衫

POLO衫比传统衬衫少了些拘束，比无领T恤多了几分严谨和个性。这种以马球运动命名的T恤展示出舒适而悠闲的美国上层社会生活——源自美国历史传统，却又贴近生活，传达出高品质而不过渡奢华的简洁生活理念。如今POLO衫已成为现实主义服装风格的代名词

▲图6-63　拉尔夫·劳伦（Ralph Lauren）女装设计（2019年作品）

Ralph Lauren的现实主义理念源自美国都市文化：舒适而不引人注目，但品质上乘。在每一季的时装中，我们都能感受到Ralph Lauren浓浓的美国味——简洁、都市感、休闲和可穿性，既简洁又不缺与时俱进的时代感。此图中可以看出女装设计延续了一贯的男士版型、女士裁剪结构。高脚西装戗驳宽领给人英朗的感觉，合体的西式外套庄配长裤点出中性味道，红、蓝、白的色彩搭配与斜向线条增添了服装的运动感

6.5.2 艾尔萨·夏帕瑞丽（Elsa Schiaparelli）

艾尔萨·夏帕瑞丽（Elsa Schiaparelli）是20世纪30年代法国服装界的杰出代表人物。她的艺术素养和现代审美趣味使她在巴黎时装界中声名鹊起，她用色犹如野兽派画家般强烈、鲜艳。罂粟红、紫罗兰、猩红等都是她的常用色彩，后来她还推出了使她声名大振的“惊人的粉红色”（shocking pink）如图6-64所示。图6-65和图6-66为艾尔萨·夏帕瑞丽（Elsa Schiaparelli）的著名作品——龙虾裙和眼泪裙。

◀图6-64 艾尔萨·夏帕瑞丽（Elsa Schiaparelli）作品“惊人的粉红色”

她的设计具有马蒂斯的风格，重在色彩和与众不同的装饰手法，衣冠主张新奇、刺激，“语不惊人誓不休”

▲图6-65 龙虾裙（lobster dress）

▲图6-66 眼泪裙（tears dress）

Elsa Schiaparelli常常把超现实主义、未来主义画家们的画及非洲图腾文身用在她的设计上，使每件服装像一幅超现实主义的艺术品。别具一格、出奇制胜的构思，始终是她的创作指导思想艾尔萨（Elsa）的设计遵循了超现实主义的设计法则：把周围那些熟悉的寻常东西彻底清除，然后给它们一个完全不同的环境，形成所谓“丑陋的雅致”。她认为女性应该敢于与众不同，穿着风格独特的服装，追求平等与独立。她用超现实的设计打破了服装与设计之间的隔阂，让服装具有顽皮、勇敢和趣味的因素，对后来的服装艺术有着持久的影响。图6-67为艾尔萨（Elsa）设计的超现实主义风格的帽子。

艾尔萨（Elsa）为具有冒险精神的女性设计了很多前卫、古怪的超现实主义服装。这些服装大多廓型简单，易于穿着，唯有装饰细节以及服饰品具有趣味横生的超现实主义特征：从骷髅到人形的各种奇特图案，腰部的口袋如女性的红唇，胸部的西装袋像是箱子的抽屉，羊毛衫上绣有假的领子、克夫或领线，纽扣是蝴蝶、花生、羊头、金鱼或人型，手套状若一双有着指甲的手或者一直沿向肩部的袖子，提包如同一只鸟笼，这些元素在形式特征上通常有出人意料的效果。图6-68为艾尔萨（Elsa）设计的超现实主义风格的服装。

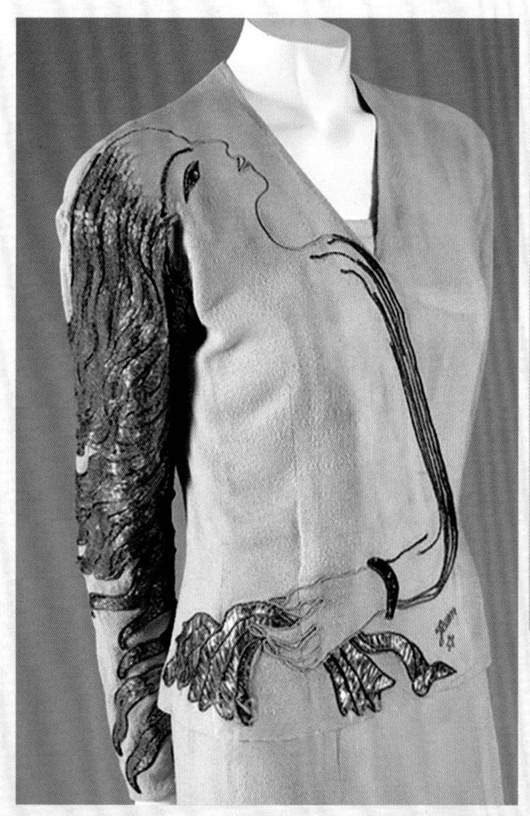

▲图6-67　艾尔萨（Elsa）设计的超现实主义风格的帽子

▲图6-68　艾尔萨（Elsa）设计的超现实主义风格的服装

超现实主义风格服装的设计素材通常是一些现实中存在的但是原本没有必然关联的对象，通过款式、面料、色彩、图案和配饰等服装设计手段将它们整合于服装之中，构成一个新的服装现实。图6-68采用画家让·科克托的画作为设计，上衣前襟绣上女性侧影，手臂巧妙地转化为门襟线，而金发则散落于整个衣袖

6.5.3 亚历山大·麦昆（Alexander McQueen）

亚历山大·麦昆（Alexander McQueen）被认为是英国的时尚教父，一生曾获得四次“英国年度最佳设计师”的荣誉，获不列颠帝国司令勋章（CBE），同时也是时装设计师协会奖（Council of Fashion Designer Awards）的“年度最佳国际设计师”（International Designer of the Year）。

Alexander McQueen1969年生于英国，16岁那年跟随萨维尔街（Savile Row）的威尔士亲王的御用裁剪师安德森（Anderson）和谢泼德（Shepard）学艺后，进入了伦敦圣马丁艺术学院攻读服装设计硕士课程，掌握了时装设计手法和一流正统裁缝技术。1992年McQueen的毕业设计赢得了著名时尚评论家伊莎贝拉·布罗（Isabella Blow）的赏识，她买下了McQueen的全部作品。1995年春夏，McQueen首次推出以“高地风格”为主题的个人品牌发布会。1996年McQueen荣获“英国年度最佳设计师”称号，同年，继约翰·加利亚诺（John Galliano）之后成为纪梵希（GIVENCHY）的首席设计师。

Alexander McQueen以独特的才华和天赋设计了无数惊世骇俗的服装，将魔幻与现实、保守与开放、传统与禁忌融合在一起。他把动物的头角面具、植物标本等搬上T台，甚至别出心裁地将秀场放在喷水池中，或将舞台布置成下着鹅毛大雪或向模特喷洒五颜六色的颜料，他将秀场与摇滚乐会的喧嚣、刺激相提并论，形成了鲜明的超现实主义风格，为整个服装界带来了新思维和新局面。图6-69为其超现实主义风格服装。

▲图6-69　亚历山大·麦昆（Alexander McQueen）的超现实主义风格服装

Alexander McQueen善于从自然界吸取灵感，然后大胆地加以“破坏”和“否定”，在潜意识中将其现实化，从而创造出一个全新意念的服装设计作品

6.6 波普与欧普风格大师作品赏析

（1）波普风格

波普艺术（Pop Art）最早起源于20世纪50年代的英国，20世纪60年代成为风行于美国和英国的主要艺术流派之一，又被称为"新写实主义"或"新达达主义"。POP的解释更多人认为它是POPULAR（流行的、时髦的）一词的缩写。从中可见，波普艺术同时具有流行和前卫的双重性。波普艺术颠覆了传统艺术所崇尚的——伟大的艺术必须是高深的艺术，波普艺术认为艺术等同于生活。

1956年，艺术家理查德·汉密尔顿（Richard Hamilton）用图片拼贴手法完成的"今天的生活为什么如此不同，如此富有魅力？"被认为是第一件真正意义上的波普艺术作品，它展出于当年英国的一个自称为"独立派"的团体所举办的题为"这就是明天"的展览。

汉密尔顿设计提倡具有"短暂的、流行的、可消费的、低成本的、大量生产的、有创意的、性感的、迷人的以及大商业的"形态与精神的艺术风格。

波普艺术具有独特的艺术法则，它的表现手法是将社会上流行的现象，诸如从音乐、电影、绘画、街头艺术等各种风尚文化和社会热点中寻找灵感，提取设计要点并应用到美术结构中去，将提取的图案进行变形和各类创意性表达，并以戏剧化的偶然事件作为表现内容。波普艺术风格的服装设计作品常常采用拼贴或者批量复制等看起来比较容易的手法，以增加产品的多样性和趣味性。

20世纪60年代著名的波普艺术家安迪·沃霍尔（Andy Warhol）的作品就是波普艺术服装风格的标志性体现。沃霍尔的作品一方面着重于制作商品的艺术，一方面将注意力投向广告、连环画、电影宣传以及美国当代明星，他所创作的《玛丽莲·梦露》《坎贝尔的罐头》《可口可乐的瓶子》（图6-70）等都是波普风格周而复始重复的经典主题。这正印证了沃霍尔所提倡的关于波普风格的理念——重复并不意味着简单的再现，这里存在着一定的精神价值和思想内容。

除此以外，波普艺术服装的图案常常塑造出比现实生活更为典型的夸张形象。它具有鲜明的流行性，贴近大众的日常生活，且通常是以幽默、诙谐甚至丑陋的变形形态展现，试图将经典的艺术形式平民化，成为街头流行的一种形式，颜色上以强烈浓郁的对比激发人们的视觉印记，在纷繁的图像中寻求戏谑高雅的艺术表现。图6-71为范思哲（Versace）波普艺术风格服装设计作品。

（2）欧普风格

欧普艺术（Optical Art）最初是一种绘画的创作方式，它摒弃了传统绘画中一切自然再现，而使用几何抽象体，"选取黑白对比或纯粹的色彩制造出各种光学效应，以强烈的刺激引起运动幻觉冲击人们的视觉，产生出空间的变形和错视的效果，是视知觉幻觉的一

▲图6-70　安迪·沃霍尔（Andy Warhol）可口可乐的瓶子

作为通俗艺术，波普艺术与时俱进地体现了时代风尚，在后工业时代的背景下，波普风格设计多以戏谑的手法将流行要素有机地组合在同一主题下，为服装设计提供了非常丰富的流行视觉资源。许多20世纪50年代的波普艺术作品直接印刷在服装面料上，图6-70就是直接将安迪·沃霍尔（Andy Warhol）的波普风格画作直接在服装中表现出来

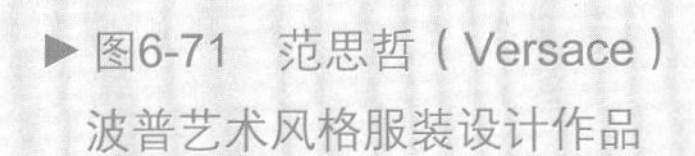

►图6-71　范思哲（Versace）
波普艺术风格服装设计作品

波普艺术风格的服装以一种乐观的态度对待流行与信息时代的文化，它大胆尝试新的主题、材料和形式，打破了传统审美的格局。波普艺术的形式在大批量规格化成衣中也同样适用，它常常在简单的服装廓型上传递风格理念，因而降低了服装工业生产的成本消耗，拉近了波普艺术与公众的距离，成为触手可及的服装艺术形式

种抽象派艺术”。欧普艺术产生于20世纪60年代，对欧美国家的艺术门类产生巨大的影响，它独特的表现形式很快被服装界接受并加以应用，得到“化错为美”的意想不到的效果。

对于欧普艺术而言，服装是一个最佳的载体，它由图画变为服饰，由平面转为立体，所产生的立体视错觉因人体的运动变得更为明显。欧普艺术服装在总体风格上具有视觉游戏的特点，它借助光效应原理处理图形和色彩，让人在凝视时产生闪动、震颤、眩晕的错觉甚至幻觉。

图6-72为20世纪60年代欧普艺术风格服装设计作品。

欧普风格服装设计最直接的方法就是将经典的欧普平面艺术作品作为图案印染或织造在面料上。它的形式与表现方式虽看似简单却又充满意味，欧普让服装充满了艺术的味道，服装以欧普图案为媒介将流行艺术与现实生活紧密联系在一起，把那些充满新奇创意和现代美感的图案注入服装作品中。图6-73和图6-74分别为单色几何形和复合图形欧普艺术风格服装设计作品。

6.6.1 草间弥生（Yayoi Kusama）

草间弥生（Yayoi Kusama）出生于日本，毕业于长野县松本女子学校。1956年移居美国纽约市，并开始展露她占有领导地位的前卫艺术创作，是波普艺术的代表艺术家。

◀图6-72 20世纪60年代欧普艺术风格服装设计作品

欧普艺术的应用与纺织技术密切相关，它的艺术形式主要体现服装面料设计上。苏格兰格纹、千鸟纹和人字纹等传统织纹的变形设计，使欧普风格图案的服饰变得异常生动

▲图6-73　单色几何形欧普艺术风格服装设计作品

单色几何形黑白棋格纹是欧普图案之中的经典，欧普图案最初是以黑白MONOTONE形式出现，在纯粹色彩或几何形态中，以强烈的刺激来冲击人们的视觉，令视觉产生错视效果或空间变形，使其作品有波动和变化之感。它通过大小、位置和形态的变化，在二维空间中寻求一种渐强或渐弱的空间调度，倾斜的部位、偏离原始水平轴线的位置、变化中深度的强弱，都体现出内在的一种张力

◀图6-74　复合图形欧普艺术风格服装设计作品（2009，亚历山大·麦昆）

不断延伸重复的圆形、方形几何图案和条纹也是欧普艺术常见的手法。亚历山大·麦昆（Alexander McQueen）用线形、点状等基础几何图案以周期性的方式绘制，抽象的几何形状让观看者的视觉不由自主地对图像及空间效果的刺激产生错觉，利用视觉上的错视建立新的服装廓型设计方法

草间弥生在相当早的创作时期就发展出了自己的特色，她善用高彩度对比的圆点花纹加上镜子，大量包覆各种物体的表面，如墙壁、地板、画布。后因这些圆点花纹的设计，她被艺术界称为“波点太后”，红白波点艺术是她最著名的代表作。草间弥生从10岁开始就被大量幻觉困扰，她追寻这些幻象之后寻找到的正是这些标志性的波点图案，而后她将其运用到布料、树木、房间、雕塑、服装设计上，制造出一系列视觉感强烈的波点艺术品。图6-75为其波普艺术作品—南瓜。

此外，草间弥生也发展出自己独特的“繁殖”特色，她有许多作品都以蕈类聚生的造型出现。1990年之后，草间弥生加入了商业艺术的领域，与时装设计界合作，推出了带有浓厚圆点草间风格的服饰，并开始贩卖艺术商品。图6-76为草间弥生波普风格服装设计作品。

6.6.2 埃米利奥·普奇（Emilio Pucci）

埃米利奥·普奇（Emilio Pucci）是一位意大利知名服装设计师，是意大利品牌Emilio Pucci创始人，1914年出生于意大利的佛罗伦斯。Emilio Pucci在美国就读西雅图大学，他醉心于滑雪运动，但对于市面上贩售的滑雪服装不甚满意，因此干脆为自己与身旁好友操刀设计独一无二的滑雪服，此一举动，却成为他日后朝时装发展的重要契机。1947年，当Emilio Pucci朋友身着他设计的运动服装出现在12月的时尚杂志上时，一夜之间，美国时装圈仿佛看到一位潜能无限的新星问世，大量的时尚传媒对Emilio Pucci的设计高度感兴趣，纷纷积极询问此滑雪服装的相关事宜，从此，Emilio Pucci开始了他的时尚事业。

图6-77为Emilio Ducci品牌与法国雪具品牌Rossignol 2005年推出的合作系列。

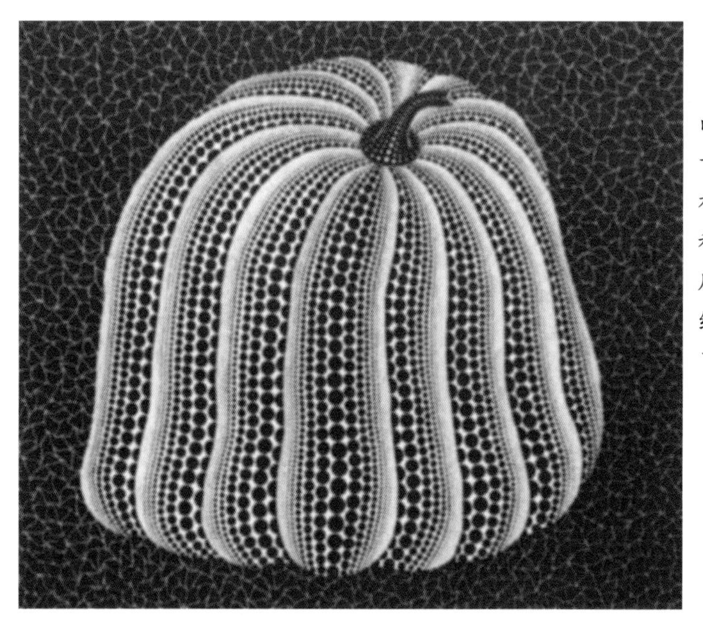

◀图6-75　草间弥生（Yayoi Kusama）波普艺术作品——南瓜

南瓜是草间弥生极为重要的创作符号，她觉得南瓜能带给她强大的精神安定感，在日本的香川县自岛、秋天市，都可以看到她的立体南瓜作品。她用无穷无尽的圆点和条纹，艳丽的花朵重叠成海洋，混淆了真实空间的存在

▲图6-76 草间弥生（Yayoi Kusama）波普风格服装设计作品

草间弥生自己的打扮往往也与作品有很高的同质性，以短上衣和非常强烈的眼影妆闻名。草间弥生曾说这些视觉特色都来自她的幻觉，她认为这些点组成了一面无限大的捕捉网，代表了她的生命

◀图6-77 Emilio Pucci品牌与法国雪具品牌Rossignol2005年推出的合作系列

克里斯汀·拉克鲁瓦（Christian Lacroix）于2003春夏系列接任后，依照埃米利奥·普奇（Emilio Pucci）擅长的图案印花设计概念为本进行创作，为Emilio Pucci品牌带来充满惊喜的图案，颜色多彩多姿，图案鲜艳独特

20世纪60年代，Emilio Pucci明亮缤纷的欧普风格几何印花曾在服装界大放光芒。他擅长将鲜艳欲滴的明亮色彩、波普艺术气味的印花图纹、柔软轻飘的丝质材料等设计元素交织融合，营造极为摩登的时髦气韵，并且同时能营造出度假式的摩登慵懒气息，加上其服装穿着过程既简便又不笨重的特点，令当代女性满意不已。Emilio Pucci声名鹊起，其服装成为当时潮流女子必备的时髦装扮。

图6-78和图6-79为Emilio Pucci 波普风格服装设计作品。

6.6.3 让·保尔·戈尔捷（Jean Paul Gaultier）

让·保尔·戈尔捷（Jean Paul Gaultier）1952年出生于巴黎，18岁时的素描获得了皮尔·卡丹（Pierre Cardin）的注意，获得了跟在著名未来派设计大师身边学习的机会，也

▲图6-78　Linda Evangelista身着Emilio Pucci女装（*Vogue*，1990年）

普奇的彩色纹样印花是欧普风格的典型。条纹、格纹、人字形肌理的机织物以及几何纹的针织物也为欧普风格服装所常用。色彩通常采用对比处理，也有借助织物的闪色和色彩渐变手段。服装样式以简洁为主，局部结构通常为配合欧普风格的图案和装饰而进行

▲图6-79　Emilio Pucci 2018波普风格服装设计作品

Emilio Pucci的2018早秋系列LookBook，品牌继续勾勒着这片印花世界，通过打造有着丰富色彩的服饰来表达着绚丽多彩的生活方式。本季系列有一种别致而有趣的氛围，作品都显得精致而璀璨，鲜艳的颜色给人带来了一种轻松愉悦的视觉感

奠定了他日后成为设计师的基础。Jean Paul Gaultier于1977年创立了自己的品牌。Jean Paul Gaultier的设计破旧立新，他的设计没有模式，什么都能作为素材进行构思设计。在具体款式上，以最基本的服装款式入手，加上解构处理，如撕毁、打结，配上各式风格前卫的装饰物，或是将各种民族服饰的融合拼凑在一起，展现夸张和诙谐的风格，将前卫、古典和奇风异俗混融得令人叹为观止。

20世纪，混搭设计手法盛行，许多设计师都尝试将各种元素做混搭，但大部分只注重外在形式的美丽实践。Jean Paul Gaultier 却深入探究个别元素的底层意义，以20世纪60年代流行的欧普元素作为设计灵感，重新混合、对立或拆解，再加以重新构筑。

图6-80和图6-81分别为让·保尔·戈尔捷（Jean Paul Gaultier）2018年春夏和2019年春夏欧普艺术风格作品。

▲图6-80 让·保尔·戈尔捷（Jean Paul Gaultier）2018年春夏欧普艺术风格作品

灵感来自欧普艺术家布里奇特·赖利（Bridget Riley）作品中的主要色彩构成。Jean Paul Gaultier）以黑白撞色为其主要颜色，通过艺术性的扭曲分离细节以及印花形成欧普感图案

▲图6-81 让·保尔·戈尔捷（Jean Paul Gaultier）2019年春夏欧普艺术风格作品

Jean Paul Gaultier设计的欧普风格长裙，通过黑白条纹的变形设计让人产生视错觉。与单纯的几何图案欧普服装设计不同的是，他的设计还注意运用不同面料肌理的对比，在动感中形成视觉整体感的立体和饱满

6.7 极简主义风格大师作品赏析

极简主义（Minimalism）是20世纪60年代兴起的一个艺术派系，又可称为“Minimal Art”。强调排除影响主体的不必要因素，主张用极少的色彩和形象来表现作品。极简主义是后现代艺术的发端，它在崇尚简单、追求自然的同时，强调内在的品质和优雅的品味。极简主义最早体现在建筑设计上，后来逐渐应用到服装设计中。

极简主义是一种以简单几何体为基本艺术语言的艺术。大多数的极简主义作品运用几何的或有机的形式，使用新的综合材料，具有强烈的工业色彩，是一种理性、冷峻、简约的艺术风格。这种强调单纯、简单的观念，逐渐成为当代全球服装界所追求和表现的一种风格。

回顾极简主义服装发展历程，发端于20世纪60年代的迷你裙时期。迷你样式指的是玛丽·匡特（Mary Quant）在1957年首次推出，并在60年代引领潮流的迷你裙（图6-82）搭配上装产生的整体样式，塑造了简洁、便利的女性新形象。

◀图6-82　玛丽·匡特（Mary Quant）迷你裙

迷你样式追求简洁的外廓型，以A型、H型为主。款式为下摆提高到膝盖以上的连衣裙或简洁上衣配以膝上单裙，常用具有一定挺度的面料以达到塑形性，极具极简风格特点

20世纪90年代，时装界一方面是后现代的街头风服装卷土重来；另一方面则是极简风服装开始盛行。意大利设计师乔治·阿玛尼（Giorgio Armani）以反装饰设计（图6-83）带动了极简主义的浪潮，普拉达（Prada）等也均有极简主义服装风格的佳作。

极简主义在美国时装中表现的格外突出，一方面是由于极简主义艺术在美国的巨大影响，另一方面则是因为崇尚简单实用传统的美国式服装与极简主义具有天然的亲和力。20世纪90年代中期以后，设计师唐纳·卡兰（Donna Karan）和卡尔万·克莱因（Calvin Klein）作为美国设计界的中坚力量，其风格简单、明快，成为极简主义风格的代表。

图6-84为唐纳·卡兰（Donna Karan）女装设计作品。

6.7.1 卡尔万·克莱因（Calvin Klein）

卡尔万·克莱因（Calvin Klein）1942年出生于美国纽约，就读于著名的美国纽约时装学院。1968年以自己名字创立Calvin Klein品牌，曾经连续四度获得知名的服装奖项。从建立自己的公司到现在，Calvin Klein已在时装界纵横了50余年，被认为是当今美国时尚极简主义风格的代表人物。

▲图6-83　Giorgio Armani品牌极简风女装设计作品

Giorgio Armani设计的服装优雅含蓄，大方简洁，做工考究，集中代表了意大利时装的风格。Giorgio Armani说，他的设计遵循三个黄金原则：一是去掉任何不必要的东西；二是注重舒适；三是最华丽的东西实际上是最简单的。Giorgio Armani被认为是20世纪90年代简约主义的代表人物之一

▲图6-84　唐纳·卡兰（Donna Karan）女装设计作品

唐纳·卡兰（Donna Karan）的品牌根植于美国纽约特有的生活模式，她的设计灵感也都源于纽约特有的都市信息、现代节奏和纽约的蓬勃活力，其设计体现出了具有美国特色的极简风格

卡尔万·克莱因（Calvin Klein）认为今日的美国时尚是现代、极简、舒适、华丽、休闲又不失优雅气息。他说：“我同时发现美式风格的本质也具有国际化的特征。就像纽约，它并不是一座典型的美国城市，而是一座典型的国际都市。伦敦、东京或是汉城也是一样。居住在这些城市的人会对我的设计做出回应，是因为他们的生活和需求都十分相似。现代人不论居住在哪儿，都有其共通性。”Calvin Klein一直坚守完美主义，每一件Calvin Klein时装都显得非常完美。因为体现了十足的纽约生活方式，Calvin Klein的服装成为了新一代职业女性品牌选择中的最爱。图6-85为卡尔万·克莱因（Calvin Klein）品牌Resort系列极简风设计作品（2004年），图6-86为该品牌极简风设计作品（2015年）。

◀图6-85　卡尔万·克莱因（Calvin Klein）品牌Resort系列极简风设计作品（2004年）

精湛的剪裁，无处不在的技术玄机，更加实用的设计理念，突出了女性柔性之外的利落干练；简单的树脂腰带恰如其分地点缀其中，进一步体现着Calvin Klein的简约之风格

▶图6-86　卡尔万·克莱因（Calvin Klein）品牌极简风设计作品（2015年）

Calvin Klein 2015年春夏纽约时装周秀场，一贯的简约与利落，没有太多花哨的设计，只有对比例的专注与对材料的把控

6.7.2 吉尔·桑德（Jil Sander）

吉尔·桑德（Jil Sander）1943年出生于德国，在汉堡取得纺织品工程学学位。曾经短期移居到美国洛杉矶，并投入时尚杂志工作。1968年，开设了第一间个人精品店，并在1973年发布了Jil Sander第一场服装秀，当时并没有获得普遍赞扬。直到20世纪80年代，当三宅一生等日本大牌设计师兴起而带动的服装新线条引起关注后，Jil Sander的作品才终于开始引起注意。

图6-87 ~ 图6-89为吉尔·桑德（Jil Sander）20世纪80年代、90年代和2020年的极简风设计作品。

◀图6-87　吉尔·桑德（Jil Sander）20世纪80年代极简风设计作品

Sander眼中的“精简”意味着合乎逻辑，并非一味突显曼妙身姿、增添不真实的夸张细节，作品更多的是关乎亦男亦女的中性造型，服装注重裁剪与质感

▶图6-88　吉尔·桑德（Jil Sander）20世纪90年代极简风设计作品

吉尔·桑德（Jil Sander）的设计舍去繁花似锦的装饰，取而代之的是克制的色彩、优异的质感、精准的裁剪，还有和谐的形态。Jil Sander说：“包豪斯运动（Bauhaus movement）是我的灵感来源，它将理性的功能应用到日常生活的设计中”

▲图6-89　吉尔·桑德（Jil Sander）品牌极简风设计作品（2020年）

2020年Jil Sander的作品依旧是纯净的极简风，编织和随处可见的打褶元素让简洁的廓型生动起来，极简风中透出精致的典雅

6.8 结构与解构风格大师作品赏析

（1）结构主义风格

结构主义（Structuralism）亦称构成主义，发源于“立方主义”。结构主义是20世纪下半叶最常用来分析语言、文化与社会的研究方法之一。它于1913～1917年间在俄国形成，是现代西方流行的一种艺术流派。它排斥艺术的思想性、形象性和民族传统，大多表现为对绝对抽象形式和非写实化的追求。凭借长方形、圆形和直线构成抽象的造型，突出表现某种形式结构。先出现于雕塑方面，后影响到绘画、戏曲、音乐与建筑艺术，并应用在实用美术设计方面。

在服装设计中，结构主义设计师关心人体各个部位的起伏与转折变化，但真正关心的是服装在穿着时的立体层次与空间感。他们把人体的基本形作为服装设计的出发点，通过各种服装语言，将人体不断立体化，与此同时也赋予了服装一种独立的空间结构。这种注重精巧结构的时装能完全脱离人体而独立存在，服装的立体效果是结构主义服装设计风格的最终目标。

图6-90为以建筑作为灵感的结构主义服装设计作品。

（2）解构主义风格

解构主义（Deconstructivism）作为一种设计风格的探索兴起于20世纪80年代，但它的哲学渊源则可以追溯到1967年。当时一位哲学家德里达（Jacque Derrida）基于对语言学中结构主义的批判，提出了“解构主义”的理论。他的核心理论是对于结构本身的反感，认为符号本身已能够反映真实，对于单独个体的研究比对于整体结构的研究更重要。在海德格尔看来，西方的哲学历史即是形而上学的历史，它的原型是将“存在”定为“在场”，借助于海德格尔的概念，德里达将此称作“在场的形而上学”。

解构主义是对现代主义正统原则和标准批判地加以继承，运用现代主义的语汇，却颠倒、重构各种既有语汇之间的关系，从逻辑上否定传统的基本设计原则（美学、力学、功能），由此产生新的意义。用分解的观念，强调打碎、叠加、重组，重视个体、部件本身，反对总体统一而创造出支离破碎和不确定感。解构主义的异端性使它具有激烈的冲击

▲图6-90 以建筑作为灵感的结构主义服装设计作品

结构主义的服装设计崇尚简单结构的风格，很像是种简约又复杂的兼容者，看似简单款式结构总是蕴含丰富变化，没有张扬的外表，亦没有太绚丽的色彩。典雅精神、简略思潮设计原则下塑造的风格，使得服装结构严谨而不呆板，版型大气而不缺细节，气质冷静而不失浪漫；精致的工艺与时尚的元素融为一体

▲图6-91　解构主义风格服装设计作品

设计师只有在对结构有充分了解的前提下，才能分解和破坏。为了“颠覆”，设计中通常会使用荒诞组合、随意堆砌等各种手段，营造出各种偶然。这时服装会超越传统时装而拥有强烈的艺术气质。他们将源自不同文化背景、历史阶段和性别衣橱的单品融为一体，每一件衣服单独拆解开来，都貌似风马牛不相及，而搭配起来却自然形成一种独特的风格

性和启发性，致使建筑业中的年轻设计师们率先举起了“解构主义”的大旗，做出了诸如外露的砖头、电线等设计。

解构主义的服装是后现代风格的重要组成之一，如图6-91所示，其总体风格可以用反常规、反对称、反完整来加以形容，它已经或者尝试超脱服装设计的已有程式和秩序。解构主义服装在形状、色彩、比例的处理上极度自由，或者说是力求这种自由。有的地方作残损状、缺落状、不了了之状，令人愕然又耐人寻味。另外，解构主义风格的服装留给穿着者发挥自我想象力以及进行二度创作的机会。

6.8.1 格雷斯·皮尤（Gareth Pugh）

格雷斯·皮尤（Gareth Pugh）1981年出生于英国，14岁就为英国国家青年剧院（English National Youth Theatre）做戏服设计。Gareth Pugh最初在森德（City of

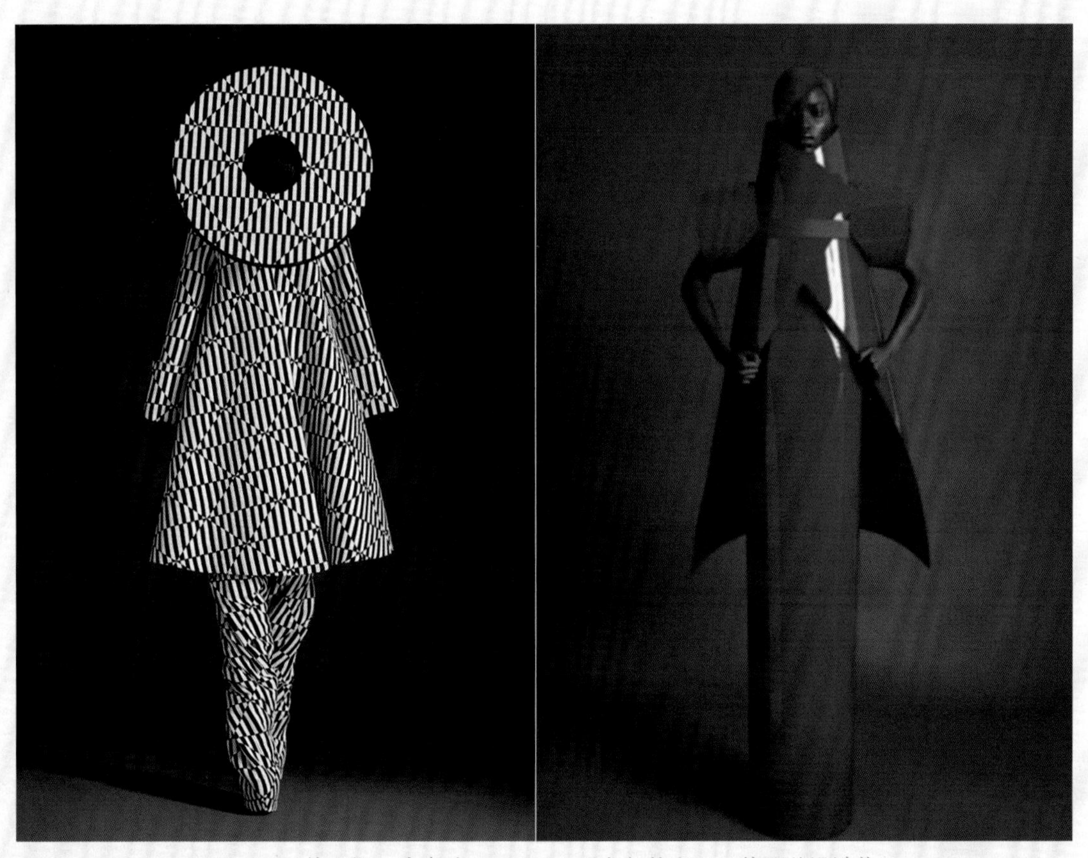

▲图6-92 格雷斯·皮尤（Gareth Pugh）解构主义风格服装设计作品

格雷斯·皮尤（Gareth Pugh）的解构主义服装充满未来感。圆形、方正几何图形的重组排列，与人体形成恰如其分的融合，不仅如此，他的设计还时常杂糅着欧普艺术，形成欧普形状与结构形状的双重叠加

Sunderland College）开始接受服装设计的教育，后进入中央圣马丁学院（Central Saint Martins），2003年获得圣马丁学院服装设计学位。其毕业设计“可创造的膨胀物”特别注重模特的关节和四肢的连接部位的设计，用气球加强肩和袖子等关节处的夸张设计，这成为他日后设计风格的表现之一。他的毕业设计作品引起*Dazed and Confused*杂志资深服装编辑的关注，将其设计放到杂志的封面。

格雷斯·皮尤（Gareth Paugh）的设计理念充满了隐喻和象征，通常会使用一些“毫无意义的荒谬外形，可穿着的雕塑”等理念去“有意识地歪曲人体”，如图6-92和图6-93所示。各种结构截然不同的元素混合在他的设计作品中，使得处处充满了矛盾对立的关系，形成鲜明的结构主义设计特色。

▲图6-93 格雷斯·皮尤（Gareth Pugh）镂空结构服装设计作品

结构主义的服装设计崇尚简单结构的风格，是简约又复杂的兼容者。简单款式的结构却总是蕴含丰富的变化。格雷斯·皮尤（Gareth Pugh）通过镂空结构，塑造出人体与服装双层结构的视觉效果

6.8.2 马丁·马吉拉（Martin Margiela）

马丁·马吉拉（Martin Margiela）1957年生于比利时，1979年毕业于安特卫普艺术学院，先后在意大利、比利时和法国工作过。他的第一份工作是在米兰从事流行趋势分析，1984年他加入了Jean Paul Gaultier 公司，成为其设计师助理。四年后，他成立了以个人名字命名的工作室。1989年推出了男装系列LINE10 ，1998年推出了女装系列LINE6。

Martin Margiela一向以解构及重组服装的技术而闻名，他熟悉服装的构造及布料的特性，然后将它们拆散重组，重新设计出独特个性的服饰。Maison Margiela 大部分产品都有一个带有数字的标签，解构服装成为Martin Margiela专有的一个系列。图6-94为Maison Margiela品牌的数字标签。

在解构主义的旗帜下，Martin Margiela大胆地把时装的传统定义进行修改，他将传统的服装结构进行拆解，通过新的结构形式呈现，如图6-95所示。解构主义服装在完整度处理上极度自由，有时故意做成残缺状、破损状，甚至故意留着毛边与缝边。解构就是要反

▲ 图6-94　Maison Margiela品牌的数字标签

这是一套0～23的标签系列。缝在衣服的卷标会圈上0～23其中一个数字的布片来示意衣服所属的设计系列：0是起点，意味着设计师1989年最初的精神，是手工复古女装；1为女性时装系列，即解构设计；4是最有结构性的女装；6是活力的象征，为女性生活系列；10为男装系列；14为有解构的男性订制服装系列；11为所有饰品配件系列；13为出版刊物系列以及绝对的白色收藏品；22为鞋子系列

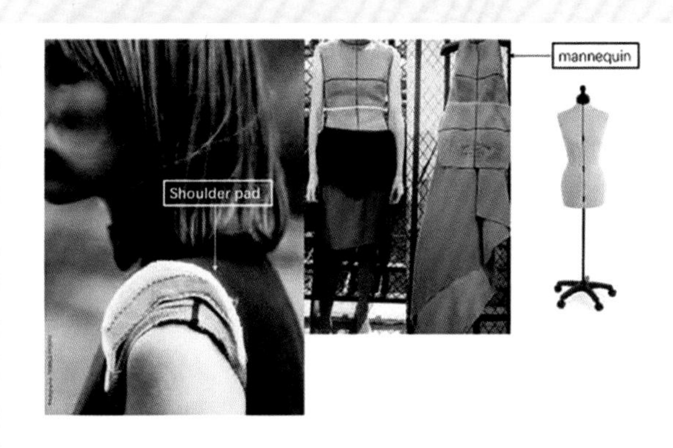

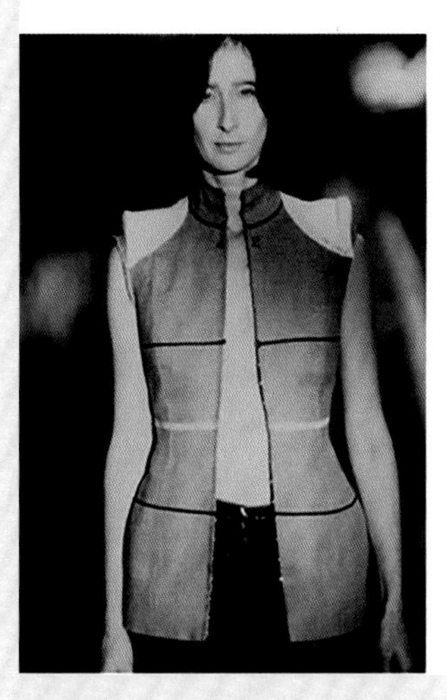

◀图6-95　马丁·马吉拉（Martin Margiela）解构设计作品（1997年）

1997年的一组作品中，Margiela有意保留了打版时在面料上留下的辅助线条，并将不经拷边的线头与缝褶一一暴露在外。Margiela 把服装设计师用来设计衣服的假人模特表层的面料撕下来做了件马甲，上面还保留着“stockman”和“semi couture”的字样

对以逻辑为中心的话语，这是一种反对权威而重视个人思想的设计挑战，颠覆了传统的视觉经验。未完成的东西蕴含着想象空间，能够更加激起人们对实物的联想。没有束缚、没有规定、没有精致和完美带来的压力，装饰个性强、艺术品位独特，既能体现对生活形态和文化的理解，又极具吸引力和想象力。

Martin Margiela把布料进行交叉、错位、颠倒，使它们不对称且无规则，还呈现出残缺和零乱的感觉。循环、折叠、剪裁是三种主要的造型。在解构主义的旗帜下，Martin Margiela大胆地把时装的传统定义进行修改，其作品如图6-96～图6-98所示。

◀图6-96 Martin Margiela用手套制成的马甲（2001年）

环保是Martin Margiela秉承的设计理念，过时的和平淡无奇的衣服经Martin Margiela巧手一改，身价就扶摇直上。手套叠加设计，这种极具环保意识的概念和独到的设计风格得到了很大的关注，成为一种时尚

▶图6-97 Martin Margiela设计作品（2017年）

Martin Margiela善于将人们熟悉的基础结构打破之后，根据其结构特点建立新的款式，既出人意料又在情理之中，给人耳目一新的感觉。2017年，他将传统的风衣进行了结构重组，变为连衣裙，里布与面料形成材质的对比，既有结构的合理性，同时又体现出了设计的美感

◀图6-98 Martin Margiela 的风衣解构设计作品
这款设计否定了传统风衣的基本设计原则（美学、力学、功能），通过二维的平面结构处理，形成新的款式，所有风衣中的功能性部件作为新款式中的装饰结构

6.8.3 侯赛因·卡拉扬（Hussein Chalayan）

侯赛因·卡拉扬（Hussein Chalayan）1970年出生于塞浦路斯首都尼科西亚，刚出道就以自己可穿性强而又机灵迷人的服装而闻名。他的服装设计专注于创意性、实验性、概念化的思考。Hussein Chalayan的设计并不局限于实验，他还将创意与商业有机结合，创作出受市场欢迎的设计。因在材质和观念上独具开创性和革新性，他曾两次荣获英国年度设计师大奖。因在设计上常常上演这些惊人之举，使他拥有“解构主义的怪才”和“时尚设计的魔术师”之美誉。

在Hussein Chalayan的设计中，你绝对看不到平庸的把戏，也没有卖弄所谓的“粗劣”艺术。Chalayan的作品常常表现的是一种概念，将设计纳入了雕塑、家具或建筑等其他领域。一切都是以创意为出发点，超越了时尚固有概念，因此作品带有强烈的现代的装置艺术和行为艺术理念。图6-99为其设计的正切流系列。

Hussein Chalayan的设计触角与众不同，包括建筑和哲学法则、人类学的知识，因此Chalayan既是艺术家，又是社会学家。他的设计也是另类的，如吹气球、将咖啡桌反转做成木质裙装、扶手椅转化成裙子、椅子变成旅行箱、金属饰品装饰在礼服上等，几何或曲线分割结构也是他作品的特点。这些特点在他2000年秋冬时装周的作品（图6-100）中体现得淋漓尽致。

从无到有，又从有到无，一切都在转瞬间，以不同的方式进行着。Hussein Chalayan在试图通过服装改写这样的固有认知，想要传达出身体所能穿戴的一切，以穿戴之物能延

◀图6-99 侯赛因·卡拉扬（Hussein Chalayan）正切流（The Tangent Flows）

卡拉扬将服装和着铁屑埋在土里，随着时间的推移使服装的面料以及配饰和土壤中的生物接触产生变化，服装表面布满锈迹，这些锈迹的纹理形状，将时间走过的痕迹清晰地留存在服装上，他将这个系列命名为“正切流（The Tangent Flows）”。这是一个与自然和时间共同创作的系列，他将抽象化的时间以服装为载体，让我们看到了它在面料上的具象表现

▲图6-100 侯赛因·卡拉扬（Hussein Chalayan）设计作品（2000年）

2000 年的秋冬时装周上，卡拉扬创作了“游走的家具”系列。行动和转变在卡拉扬这个系列中扮演了重要角色。在秀场的舞台上摆放着木质家具，宛如一个普通人家的客厅模样，模特穿着简单服饰依次走出并进入客厅，就像去朋友家里参加派对一样。四个模特把沙发套从椅子上拿下来，抖了抖， 在解构与重组后将其变成晚礼服穿在身上，然后将沙发底架折叠，变成行李箱，随后她们提起各自的行李箱离开现场。最后一个模特走入桌子中间的洞里，把桌子像伸缩裙一样拉了起来穿在身上后离开

▲图6-101　侯赛因·卡拉扬（Hussein Chalayan）的可溶性衣服

在这个系列展示过程中，观众全程参与到其中，和时间一起见证了消逝的全过程。现场参与会加强观者的代入感，使其更直接地感受到破碎与新生、时间与消逝之间微妙的联系。从另一个角度看，破碎不代表消亡，也许是更美丽的新生起点，就像破茧成蝶般，无论经历什么不那么美好的事情，都将其看作生命中的一段过程，也是下一段历程的开始

伸到的地方便是家。

2016 年，Hussein chalayan与施华洛世奇合作的“可溶性衣服”（图6-101），在探讨服装与身体的同时加入了时间、变化以及生命过程的呈现。他习惯于使用科技、建筑、音响、音乐、肢体等多种跨学科形式来模糊身体与服装的界限。灯光聚集在 T 台正中的两个白衣模特，头顶的水柱开启，白色套装被水逐渐溶解，转瞬间原本的服装变得如纸巾般脆弱，在水流冲刷下一寸一寸碎裂，落下，于水中分解、消散，这极具破碎之美的变化之后露出的是里层服装上由施华洛世奇水晶缝缀的图案。

本章小结

服装发展的风格化从某种角度说，就是服装与各种艺术流派交融互通的历史，诸多的艺术流派都曾在服装艺术设计中有所显现，成为经典服装艺术的有机组成部分。服装设计师借用艺术流派为载体，诠释对艺术理念的理解。本章以服装与人文艺术流派之间的关系为切入点，分别探讨人文艺术流派影响下服装的经典形制；以明晰相关艺术的概念、表现形式与服装的关系以及相关风格服装的历史演变；以总结相关艺术风格服装的设计准则与经典服装设计作品，从而作为服装鉴赏的依据和服装设计的参考。

[1] 卞向阳. 服装艺术判断. 上海：东华大学出版社，2006.

[2] 陈彬. 国际服装设计作品鉴赏. 上海：东华大学出版社，2008.

[3] 陈彬. 服装色彩设计. 上海：东华大学出版社，2010.

[4] 黄庆元. 服装色彩学. 北京：中国纺织出版社，2010.

[5] 冯利. 服装设计学概论. 上海：东华大学出版社，2010.

[6] 李当岐. 服装学概论. 北京：高等教育出版社，1998.

[7] 李当岐. 西洋服装史. 北京：高等教育出版社，2005.

[8] 克莱夫·哈利特，阿曼达·约翰斯顿. 高级服装设计与面料. 钱欣，译. 上海：东华大学出版社，2013.

[9] 三吉满智子. 服装造型学. 郑嵘，张浩，韩洁羽，译. 北京：中国纺织出版社，2006.

[10] 田中千代. 世界民俗衣装. 李当岐，译. 北京：中国纺织出版社，2001.

[11] 刘晓刚. 服装设计与大师作品. 北京：中国纺织出版社，2000.

[12] 刘晓刚. 服装设计学概论. 上海：东华大学出版社，2008.

[13] 梁惠娥. 服装面料艺术再造. 北京：中国纺织出版社，2008.

[14] 王革辉. 服装材料学. 北京：中国纺织出版社，2006.

[15] 王晓威. 服装风格鉴赏. 上海：东华大学出版社，2008.

[16] 王受之. 世界时装史. 北京：中国青年出版社，2003.

[17] 许可. 服装造型设计. 上海：东华大学出版社，2011.

[18] 许才国，鲁星海. 高级定制服装概论. 上海：东华大学出版社，2009.

[19] 杨晓旗，范福军. 新编服装材料学. 北京：中国纺织出版社，2012.

[20] 杨颐. 服装创意面料设计. 上海：东华大学出版社，2011.